21世纪高等教育计算机规划教材

Python 程序设计

Python Programming

王学军 胡畅霞 韩艳峰 主编

人民邮电出版社
北京

图书在版编目（CIP）数据

Python程序设计 / 王学军，胡畅霞，韩艳峰主编. -- 北京：人民邮电出版社，2018.1（2019.4重印）
21世纪高等教育计算机规划教材
ISBN 978-7-115-46930-4

Ⅰ. ①P… Ⅱ. ①王… ②胡… ③韩… Ⅲ. ①软件工具－程序设计－高等学校－教材 Ⅳ. ①TP311.561

中国版本图书馆CIP数据核字(2017)第229847号

内 容 提 要

本书以 Python 3.4 版本为背景，较为全面地介绍了 Python 高级语言程序设计的基本方法。全书共分 10 章，主要包括：Python 概述、Python 语言基础、Python 函数及模块、面向对象编程、Python GUI 编程、Python 数据库及文件系统、Python 网络编程、Python 网站开发、Python 数字图像处理及 Python 科学计算。

本书可以作为高等院校程序设计课程教材，也可供从事计算机应用开发的各类人员使用。

◆ 主　编　王学军　胡畅霞　韩艳峰
　 责任编辑　张　斌
　 责任印制　陈　犇

◆ 人民邮电出版社出版发行　北京市丰台区成寿寺路11号
　 邮编　100164　电子邮件　315@ptpress.com.cn
　 网址　http://www.ptpress.com.cn
　 山东百润本色印刷有限公司印刷

◆ 开本：787×1092　1/16
　 印张：14.75　　　　　　　2018年1月第1版
　 字数：394千字　　　　　　2019年4月山东第4次印刷

定价：42.00 元

读者服务热线：(010)81055256　印装质量热线：(010)81055316
反盗版热线：(010)81055315
广告经营许可证：京东工商广登字 20170147 号

前言 PREFACE

  计算机技术的发展，促进了程序设计语言的发展，特别是面向对象的程序设计语言的出现，极大地改进了传统的程序设计方法。在众多的程序设计语言中，由于 Python 语言具有简洁、易读、高效和可扩展性的特点，因而被越来越多的高校列为程序设计首选语言。2017 年 5 月 TIOBE 公布了编程语言排行榜，得益于人工智能方面的发展，Python 语言跃居第四。目前 Python 被越来越多地应用于信息处理、图像处理、Web 网站开发、人工智能等方面。

  本书以培养学生编程思想和编程能力为目的，共分 10 章，第 1 章主要包括 Python 概述、特点、应用及开发环境；第 2 章主要包括 Python 数据类型、表达式、Python 数据结构及程序控制结构；第 3 章主要包括函数的定义、调用、参数的传递、模块的定义及引用；第 4 章主要包括面向对象的基本概念、类的定义和使用、类的属性和方法、类的继承及重载；第 5 章主要包括 PyQt GUI 编程；第 6 章主要包括数据库编程及文件系统；第 7 章主要包括 Python 网络编程；第 8 章主要包括 Python 网站的开发；第 9 章主要包括 Python 数字图像处理；第 10 章主要包括 Python 科学计算等。

  参加本书编写的作者具有多年的计算机语言教学经验和丰富的心得和体会。全书内容广泛、重点突出，在编排上采用循序渐进、逐步扩展提高的方法，同时本书还精心设计了大量的示例和习题，以加深学生对内容的理解，提高学生分析问题、解决问题的能力。本书同时配有多媒体课件及例题源代码提供下载。

  本书由王学军、胡畅霞、韩艳峰担任主编，龙海侠担任副主编。具体编写分工如下：第 1、2 章由尹佳利、李光曜编写，第 3、4 章由胡畅霞、张岩、李虎程编写，第 5、6 章由王学军、连丹丹编写，第 7、8 章由韩艳峰、龙海侠编写，第 9、10 章由王学军、赵天编写。本书的编写得到了各级领导的关心和支持，在此一并表示感谢。

  限于编者水平，加之时间仓促，不当之处敬请广大读者批评指正，以使本书能不断完善。

编　者

2017 年 8 月

目 录 CONTENTS

第 1 章　Python 概述 1

1.1　Python 语言 1
- 1.1.1　Python 的发展 1
- 1.1.2　Python 的特点 2
- 1.1.3　Python 的应用领域 2
- 1.1.4　Python 的版本及安装 3

1.2　Python 开发环境及工具 5
- 1.2.1　开发工具 IDLE 5
- 1.2.2　开发工具 PyCharm 7
- 1.2.3　编写简单的小程序 8
- 1.2.4　PyCharm 配置 10

1.3　习题 11

第 2 章　Python 语言基础 12

2.1　Python 语言基础概述 12
- 2.1.1　Python 文件类型 12
- 2.1.2　Python 编码规范 12
- 2.1.3　输入与输出 14

2.2　Python 数据类型 15
- 2.2.1　Number（数字）............... 15
- 2.2.2　String（字符串）............. 15
- 2.2.3　变量及其赋值 17

2.3　运算符和表达式 18
- 2.3.1　算术运算符和表达式 18
- 2.3.2　赋值运算符和表达式 19
- 2.3.3　逻辑运算符和表达式 20
- 2.3.4　关系运算符和表达式 21
- 2.3.5　字符串运算符和表达式 ... 21
- 2.3.6　位运算符和表达式 24
- 2.3.7　运算符的优先级 24
- 2.3.8　Python 常用的函数 25

2.4　Python 数据结构 27
- 2.4.1　列表 28
- 2.4.2　元组 31
- 2.4.3　字典 32
- 2.4.4　集合 33

2.5　程序控制结构 35
- 2.5.1　选择结构 35
- 2.5.2　循环结构 37

2.6　编程实践 40
2.7　习题 43

第 3 章　Python 函数及模块 ... 46

3.1　案例引入及分析 46
3.2　函数 47
- 3.2.1　函数的定义 48
- 3.2.2　函数的调用 48
- 3.2.3　函数的参数 49
- 3.2.4　函数的嵌套 52
- 3.2.5　函数的递归调用 52

3.3　变量的作用域 53
3.4　模块 54
- 3.4.1　导入和创建模块 54
- 3.4.2　模块包 56

3.5　编程实践 56
3.6　习题 60

第 4 章　面向对象编程 62

4.1　面向对象基础 62
- 4.1.1　面向过程与面向对象 62
- 4.1.2　面向对象基本概念 63

4.2　类的定义和使用 64
- 4.2.1　类的定义 64
- 4.2.2　类的使用 65

4.3　类的属性和方法 66

4.3.1 类的属性	66
4.3.2 类的方法	68
4.3.3 访问控制	70
4.3.4 构造函数和析构函数	71
4.4 类的继承	72
4.4.1 类的简单继承	72
4.4.2 类的多重继承	75
4.5 类的重载	76
4.5.1 方法重载	76
4.5.2 运算符重载	77
4.6 编程实践	79
4.7 习题	84

第5章 Python GUI 编程 86

5.1 PyQt GUI 工具包概述	86
5.1.1 GUI 简介	86
5.1.2 PyQt 工具包	87
5.1.3 编程测试	89
5.2 PyQt GUI 编程	93
5.2.1 信号和槽	93
5.2.2 主窗口 QMainWindow	96
5.2.3 对话框 QDialog	97
5.2.4 PyQt 输入控件	100
5.2.5 按钮	100
5.2.6 显示控件	102
5.2.7 表格控件	102
5.2.8 布局控件	104
5.3 编程实践	105
5.4 习题	108

第6章 Python 数据库及文件系统 112

6.1 数据库技术基础	112
6.1.1 数据库基本概念	112
6.1.2 关系数据库	113
6.1.3 数据库应用系统的开发步骤	114
6.2 MySQL 数据库	114
6.2.1 数据库安装	115

6.2.2 创建数据库	119
6.2.3 删除数据库	119
6.2.4 MySQL 数据类型	120
6.2.5 创建表	122
6.2.6 编辑查看表	123
6.2.7 删除表	124
6.2.8 插入数据	124
6.2.9 修改数据	124
6.2.10 删除数据	125
6.2.11 使用 SELECT 查询数据	125
6.3 Python 中访问 MySQL 语句	126
6.4 Python 文件系统	128
6.4.1 文件的基础知识	128
6.4.2 文件的基本操作	129
6.4.3 文件的读写操作	130
6.4.4 文件与目录操作函数和语句	131
6.5 编程实践	133
6.6 习题	138

第7章 Python 网络编程 141

7.1 网络模型介绍	141
7.1.1 OSI 简介	141
7.1.2 TCP/IP 简介	142
7.2 Socket 编程	145
7.2.1 Socket 简介	145
7.2.2 Socket 编程	145
7.2.3 用 Socket 建立服务器端程序	146
7.2.4 用 Socket 建立基于 UDP 的服务器与客户端程序	147
7.2.5 用 SocketSever 建立服务器	148
7.3 urllib 包与 httplib 包使用	149
7.3.1 urllib 包	149
7.3.2 使用 httplib 包访问网站	151
7.4 使用 ftplib 访问 FTP 服务	152
7.4.1 ftplib 包	152
7.4.2 使用 ftplib 包访问 FTP 服务器	153
7.5 电子邮件	154

7.5.1 SMTP 和 POP3 154
7.5.2 发送邮件 154
7.5.3 接收邮件 156
7.6 编程实践 158
7.7 习题 163

第 8 章 Python 网站开发 165

8.1 常见的 Web 开发框架 165
8.1.1 Zope 框架 165
8.1.2 TurboGears 框架 165
8.1.3 Django 框架 166
8.2 MVC 模式 167
8.2.1 MVC 模式介绍 167
8.2.2 MVC 模式的优缺点 168
8.2.3 Django 框架中的 MVC 168
8.3 Django 开发环境的搭建 169
8.3.1 Django 框架的安装 169
8.3.2 Django 简单应用 171
8.4 Django 框架的应用 173
8.4.1 数据库的配置 173
8.4.2 创建数据模型 175
8.4.3 创建视图 177
8.4.4 模板系统 179
8.4.5 URL 配置 182
8.4.6 发布 Django 项目 182
8.5 Django 框架的高级应用 183
8.5.1 管理界面 183
8.5.2 编辑数据库 185
8.5.3 Session 功能 186
8.5.4 国际化 187
8.6 编程实践 189
8.7 习题 195

第 9 章 Python 数字图像处理 196

9.1 基本图像操作和处理 196
9.1.1 图像和像素 196
9.1.2 颜色空间 197
9.1.3 像素的位深 198
9.2 Python 图像处理类库 PIL 198
9.2.1 PIL 模块基本介绍 199
9.2.2 Image 模块 199
9.2.3 PIL 滤镜效果 202
9.3 Python 中使用 OpenCV 204
9.3.1 OpenCV 安装 204
9.3.2 OpenCV 基本操作 205
9.3.3 处理视频序列 210
9.4 Matplotlib 绘图库 211
9.4.1 Matplotlib 安装 211
9.4.2 Matplotlib 模块 211
9.4.3 Matplotlib 绘制简单图形 ... 211
9.5 编程实践 215
9.6 习题 218

第 10 章 Python 科学计算 219

10.1 NumPy 库ทาง 219
10.1.1 ndarray 对象 219
10.1.2 ufunc 运算 222
10.1.3 矩阵运算 223
10.2 SciPy 数值计算库 224
10.3 编程实践 226
10.4 习题 227

参考文献 228

第1章 Python概述

本章重点
- Python 语言的发展及特点
- Python 的应用领域
- Python 的开发环境及工具

本章难点
- Python 安装及环境变量的配置
- PyCharm 的安装
- 使用 PyCharm 创建工程

Python（英式发音：/ˈpaɪθən/；美式发音：/ˈpaɪθɑːn/）是一种面向对象的解释性计算机程序语言。对于学习编程语言的初学者来说，Python 无疑是最好的选择。本章主要介绍 Python 语言的基本知识、Python 的开发环境和工具，以及简单的编程例子。

1.1 Python 语言

从程序设计语言的发展过程来分，计算机程序设计语言可分为：机器语言、汇编语言和高级语言。Python 是面向对象编程语言（Object-Oriented Programming），其语法优雅，具有高效率的数据结构。自从 20 世纪初 Python 诞生以来，它被越来越多地应用于信息处理、图像处理、Web 网站开发、人工智能等方面。

1.1.1 Python 的发展

Python 语言诞生于 20 世纪 90 年代初，由荷兰人吉多·范罗萨姆（Guido van Rossum）发明。Python 具有丰富和强大的库，又被称为胶水语言。它能够把其他语言制作的各种模块（尤其是 C/C++）轻松地结合在一起。由于 Python 语言简洁、易读、高效且具有可扩展性，许多的国内外高校将其列为程序设计课程。同时许多的软件包提供了 Python 的调用接口，以扩展 Python 的功能。

2017 年 5 月 TIOBE 公布了编程语言指数排行榜，得益于人工智能方面的发展，Python 首次超越 C# 跃居第四。作为人工智能的主要编程语言，从 2016 年开始，Python 的使用比例不断提升。

1.1.2 Python 的特点

Python 的设计秉承 "优雅" "明确" "简单" 的理念，具有以下特点。

1. 语法简单

Python 语言最大的特点就是简单，容易学习。Python 语法简单，容易上手，同时它也非常适用于非专业人员的入门学习。

2. 面向对象

Python 支持面向过程的编程和面向对象的编程，完全支持继承、重载、派生、多继承，有益于增强源代码的复用性。

3. 可移植

Python 具有源代码开放的特性，Python 程序都可以不加修改地运行在其他的平台上。例如 Linux、Windows、VMS、Solaris 等平台。

4. 解释性

Python 编写的程序不需要编译成二进制代码，可直接从源文件运行程序。Python 解释器把源代码转换成字节码的中间形式，然后再把它翻译成计算机使用的机器语言并运行，这使得 Python 的使用更加简单，也更易于移植。

5. 可扩展性和可嵌入性

Python 提供了支持 C/C++ 接口，可以方便地使用 C/C++ 来扩展 Python。Python 提供了 API，通过使用 API 函数就可以编写 Python 扩展。

1.1.3 Python 的应用领域

随着 Python 语言的盛行，它使用的领域越来越广泛，例如：网站和游戏开发、机器人控制、航天飞机控制等。Python 主要有以下一些应用领域。

1. 系统编程

Python 提供应用程序编程接口（Application Programming Interface，API），能够进行系统的维护和开发。

2. 图形处理

Python 内置了 Tkinter（Python 默认的图形界面接口）和标准面向对象接口 Tk GUI API，可以进行程序 GUI 设计。同时有 PIL 等图形库支持，使其能够方便地进行图形处理。

3. 数据库编程

Python 语言提供了对目前主流的数据库系统的支持，例如 Microsoft SQL Server、Oracle、Sybase、DB2、MySQL、SQLite 等数据库。在编程的过程中，通过 Python DB-API（数据库应用程序编程接口）规范与数据库进行通信。另外，Python 自带有一个 Gadfly 模块，提供了一个完整的 SQL 环境。

4. Internet 支持

Python 提供了标准的 Internet 模块，使 Python 能够轻松实现网络编程，例如，通过套接字（Socket）进行网络通信。此外，Python 支持许多 Web 开发工具包，使得 Python 能够快速构建功能完善和高质量的网站。

1.1.4　Python 的版本及安装

Python 是一门跨平台的语言，能够兼容不同的平台。考虑到 Windows 系统的使用者较多，因此，本书内容是基于 Windows 平台下的操作。

Python 的版本主要有 2.0 系列和 3.0 系列，不同的版本的语法结构有所不同。目前，2.0 系列的最新版本是 Python 2.7.14，3.0 系列的最新版本是 3.6.3。本书中使用的是 Python 3.4.1 版本。

1. Python 的安装

Python 是开源的、免费的。打开 Python 的官方网站选择相应的版本（python-3.4.1.msi）下载即可。安装过程如下。

（1）双击运行下载后的程序，显示图 1-1 所示的对话框。单击"运行"按钮，显示图 1-2 所示的对话框。

（2）在图 1-2 中使用默认设置，单击"Next"按钮，打开图 1-3 所示的对话框。

图 1-1　Python 安全警告

图 1-2　Python 安装向导

（3）在图 1-3 中使用默认设置（可修改），单击"Next"按钮，显示图 1-4 所示的对话框。

（4）在图 1-4 中单击"Next"按钮开始安装，安装进度如图 1-5 所示。

图 1-3　Python 安装路径

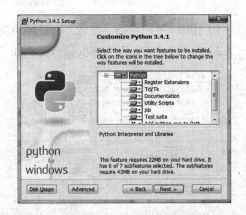

图 1-4　Python 安装功能

（5）安装进度如图 1-5 所示，完成后如图 1-6 所示。

（6）在图 1-6 中单击"Finish"按钮，完成安装。

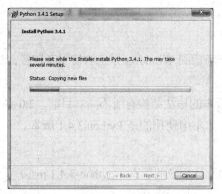
图 1-5 Python 安装进度对话框

图 1-6 Python 安装完成对话框

2. 环境变量的配置

打开系统属性窗体，显示图 1-7 所示的对话框。单击"高级系统设置"选项，显示图 1-8 所示的对话框。

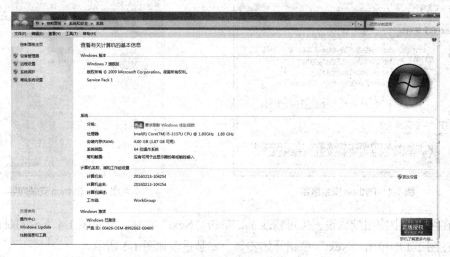
图 1-7 系统基本信息对话框

（1）在图 1-8 中单击"高级"→"环境变量"按钮，弹出图 1-9 所示的对话框。

（2）在图 1-9 中，在系统变量双击 Path 变量，弹出图 1-10 所示的对话框。

图 1-8 高级系统属性对话框

图 1-9 环境变量对话框

(3)在图 1-10 中修改 Path 的变量值,即在变量值的字符串末尾加上一个分号,然后再输入 Python 的安装路径,如图 1-11 所示。

(4)在图 1-11 中,单击"确定"按钮,完成环境变量的配置。

图 1-10 编辑系统变量对话框

图 1-11 编辑完成后的环境变量值

3. 运行

环境变量配置完成后,打开命令行,输入"python"后回车,结果如图 1-12 所示,则配置成功。

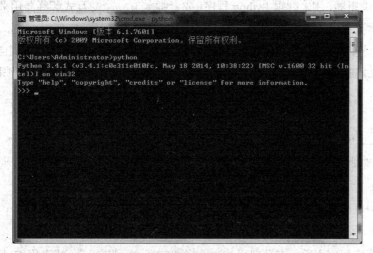

图 1-12 测试 Python 安装及配置成功

1.2 Python 开发环境及工具

Python 是一种脚本语言,它并没有提供一个官方的开发环境,需要用户自主来选择编辑工具。目前,Python 的开发环境有很多种,例如 IDLE、PyCharm、DrPython、Spyder、SPE 等。本书中我们主要介绍 IDLE 和 PyCharm。

1.2.1 开发工具 IDLE

IDLE 是 Python 内置的集成开发环境(Integrated Development Environment,IDE),它由 Python 安装包来提供,也就是 Python 自带的文本编辑器。在"开始"菜单的"所有程序"中,选择 Python3.4 下的 IDLE 菜单项,打开 IDLE 编辑器,如图 1-13 所示。

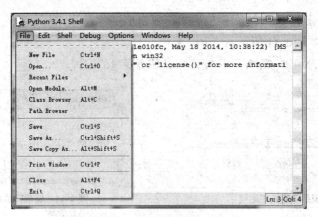

图 1-13 文本编辑器 IDLE

启动 IDLE 后首先看到的是 Python Shell，通过它可以在 IDLE 内部执行 Python 命令。除此之外，IDLE 还带有一个编辑器，用来编辑 Python 程序（或者脚本）；一个交互式解释器用来解释执行 Python 语句；一个调试器来调试 Python 脚本。

IDLE 为开发人员提供了许多有用的功能，如自动缩进、语法高亮显示、单词自动完成以及命令历史等，在这些功能的帮助下，用户能够有效地提高开发效率。下面通过一个实例来介绍 IDLE 的使用方法。

1. 新建文件

单击"File"→"New File"打开一个新的窗口，输入如下程序：

```
1    print('欢迎使用 Python')
2    a=5
3    b=4
4    print(a+b)
```

2. 保存程序

在 IDLE 编写完程序之后，在菜单里依次选择"File"→"Save"（或者用 Ctrl+S 组合键）来进行保存，首次保存时会弹出文件对话框，要求用户输入保存的文件名。此时文件会保存在 Python3.4.1 的安装目录下。

说明：Python 是以.py 为后缀名进行保存文件的。

3. 运行程序

编辑完成后，可以按 F5 键运行程序，或单击"Run"→"Run Module"菜单项。

4. 调试程序

用户可以使用 IDLE 调试程序。在"Python Shell"窗口中单击"Debug"→"Debugger"菜单项启动 IDLE 交互式调试器。这时，IDLE 会打开"Debug Control"窗口，并在"Python Shell"窗口中输出"[DEBUG ON]"并后跟一个">>>"提示符。这样，用户就能像平时那样使用这个"Python Shell"窗口了，只不过现在输入的任何命令都是允许在调试器下。用户可以在"Debug Control"窗口查看局部变量和全局变量等有关内容。如果要退出调试器，可以再次单击"Debug"→"Debugger"菜单项。

1.2.2 开发工具 PyCharm

PyCharm 是由 JetBrains 打造的一款 Python IDE，它带有一整套可以帮助用户使用 Python 语言开发时提高其效率的工具，比如调试、语法高亮、Project 管理、代码跳转、智能提示、自动完成、单元测试、版本控制等。此外，该 IDE 还提供了一些高级功能，以用于支持 Django 框架下的专业 Web 开发。

1. PyCharm 的特点

PyCharm 的特点主要有以下几个方面。

（1）PyCharm 具有一般的 IDE 具备的功能，比如调试、Project 管理、代码跳转、智能提示、自动完成、单元测试、版本控制等。

（2）PyCharm 提供用于 Django 开发/工具，并且支持 Google App Engine 和 IronPython。

（3）Python 重构功能使用户能在项目范围内轻松进行重命名，提取方法/超类，导入域/变量/常量，移动和前推/后退重构。

（4）Python 支持 Google App 引擎，用户可选择使用 Python 运行环境为 Google APP 引擎进行应用程序的开发，并执行例行程序部署工作。

（5）Python 集成版本控制功能，将登入、录出、视图拆分与合并等功能都能在统一的 VCS 用户界面（可用于 Mercurial、Subversion、Git、Perforce 和其他的 SCM）中得到。

（6）Python 的可自定义&可扩展功能可以绑定 Textmate、NetBeans、Eclipse & Emacs 键盘主盘，以及 Vi/Vim 仿真插件。

2. PyCharm 安装以及配置

首先打开 PyCharm 官网下载相应的版本，PyCharm 在 Windows 环境下有两个不同的版本：专业版（Professional）和社区版（Community）。安装步骤如下。

（1）双击运行下载后的程序，显示图 1-14 所示的对话框。单击"Next"按钮，显示图 1-14 所示的对话框。

（2）选择 PyCharm 安装路径，单击"Next"按钮，显示图 1-15 所示的对话框。

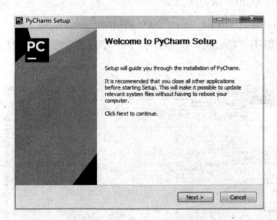

图 1-14　PyCharm 安装对话框

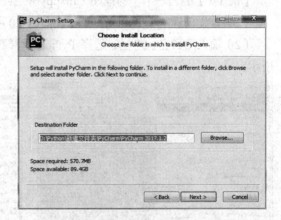

图 1-15　PyCharm 安装路径对话框

（3）在图 1-16 中，选择相应的选项，单击"Next"按钮，出现图 1-17 所示的对话框。

在图 1-17 中使用默认设置，单击"Next"按钮，安装完成。

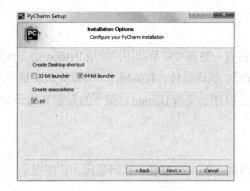

图 1-16　PyCharm 选项对话框

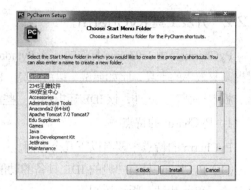

图 1-17　PyCharm 菜单文件对话框

（4）PyCharm 的使用需要激活，激活方式有三种：购买正版、选择试用、使用激活码，如图 1-18 所示。激活后弹出图 1-19 所示的对话框，进入 Pycharm 编辑环境，即可编程。

图 1-18　PyCharm 激活对话框

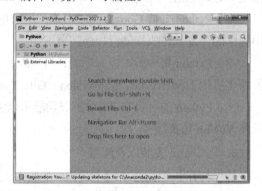

图 1-19　PyCharm 运行环境

1.2.3　编写简单的小程序

【例 1-1】编写一个小的程序（first.py），实现两个数的加法并输出。

（1）首先创建一个 Python 工程，如图 1-20 所示。单击"File"→"New Project"。

（2）输入项目名、路径、选择 Python 解释器。单击"Create"按钮进行下一步操作，如图 1-21 所示。

图 1-20　创建 Python 工程

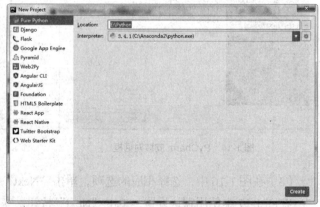

图 1-21　Python 工程路径及解释器

（3）在图 1-22 中，鼠标右键单击工程名→"New"→"Python File"，创建一个 Python 文件。

（4）输入文件名，创建一个文件 Python。例如，first.py 的脚本文件。

（5）编写程序，如图 1-23 所示。

```
1    # -*- coding: UTF-8 -*-
2    num1 = input('输入第一个数字：')
3    num2 = input('输入第二个数字：')
4    # 求和
5    sum = float(num1) + float(num2)
6    # 显示计算结果
7    print('sum=%d'%sum)
```

（6）鼠标右键单击"first.py"→"Run 'first'"，如图 1-24 所示。

图 1-22　创建 Python 文件

图 1-23　PyCharm 编译程序

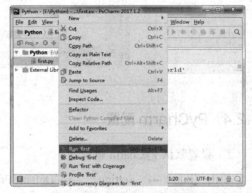

图 1-24　PyCharm 运行程序

（7）显示运行结果如图 1-25 所示。

（8）程序的调试。在 PyCharm 中可以方便地对程序进行调试，准备工作就是在程序必要的地方加设断点（Breakpoint）标记了一个行的位置，当程序运行到该行代码的时候，PyCharm 会将程序暂时挂起以方便用户对程序的运行状态进行分析。设置断点的方法是单击代码左侧的空白灰色槽，断点会将对应的代码行标记为红色，如图 1-26 所示。

图 1-25　运行结果

图 1-26　断点设置

设置好断点以后，单击"Run"→"Debug"菜单项或按下绿色的甲壳虫按钮，程序开始运行，并在断点处暂停，断点所在代码行变蓝，说明程序进程已经到达断点处，但尚未执行断点所标记的代码。这时出现 Debug 窗口，Debugger 窗口分为三个可见区域：Frames、Variables 和 Watches。这些窗口列出了当前的框架、运行的进程，方便用户查看程序空间中变量的状态等，如图 1-27 所示。

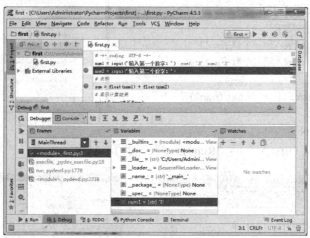

图 1-27 Debug 窗口

1.2.4 PyCharm 配置

1. 设置默认 PyCharm 解析器

单击"File"→"Settings"→"Default Project"→"Project Interpreter"→"Python Interpreter"选择系统安装的 Python，如图 1-28 所示。

2. 添加第三方库

在图 1-28 所示的界面中，单击"+"弹出图 1-29 所示的对话框。输入所需安装的库的名称，单击"Install Pageage"按钮安装。

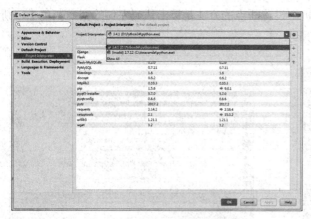

图 1-28 PyCharm 解析器配置

图 1-29 添加第三方库对话框

3. 设置缩进符为制表符"Tab"

单击"File"→"Default Settings"→"Editor"→"Code Style"→"Python"，勾选"Use tab character"。

4. 字体、大小和背景的设置

单击"File"→"Settings"→"Appearance & Behavior"→"Appearance"可以进行字体、大小、背景的设置。

1.3 习题

1. 选择题

（1）下面不属于 Python 特征的是（   ）。

    A. 简单易学　　　　B. 脚本语言　　　　C. 属于低级语言　　D. 可移植性

（2）下面列出的程序设计语言中（   ）不是面向对象的语言。

    A. Python　　　　　B. C++　　　　　　C. Java　　　　　　D. VB

（3）下面不属于 Python 语言编辑环境的是（   ）。

    A. IDLE　　　　　　B. PyCharm　　　　C. MyEclipse　　　D. Eclipse

2. 填空题

（1）Python 自带的编译器是_____。

（2）Python 脚本文件的扩展名是_____。

（3）Python 最大的特点是_____。

3. 简答题

（1）简述 Python 语言的概念。

（2）简述 Python 与其他语言的区别。

（3）描述一下 Python 程序的创建过程。

4. 编程题

（1）利用 PyCharm 编写一个简单的程序，并利用调试工具进行代码的调试。

（2）利用 PyCharm 编写一个计算三角形面积的程序，并调试。代码如下：

```
1    # -*- coding: UTF-8 -*-
2    a = float(input('输入三角形第一边长: '))
3    b = float(input('输入三角形第二边长: '))
4    c = float(input('输入三角形第三边长: '))
5    # 计算半周长
6    s = (a + b + c) / 2
7    # 计算面积
8    area = (s*(s-a)*(s-b)*(s-c)) ** 0.5
9    print('三角形面积为 %0.2f' %area)
```

第2章 Python语言基础

本章重点
- 变量与动态数据类型
- 序列数据结构的类型与种类
- 列表、元组、字典和集合的基本操作
- 条件分支结构的特点，以及 if…elif…else…的实现
- 循环结构的特点，以及 while 循环和 for 循环的实现

本章难点
- 列表、元组、字典和集合的基本操作
- 条件分支结构的实现
- 循环结构的实现

2.1 Python 语言基础概述

2.1.1 Python 文件类型

Python 语言常用的文件类型有三种。

（1）源代码文件：文件以.py 为扩展名，由 Python 程序解释，不需要编译。

（2）字节代码文件：文件以.pyc 为扩展名，是由 py 源文件编译成的二进制字节码文件，由 Python 加载执行，速度快，能够隐藏源码。可以通过以下代码将.py 文件转换成.pyc 文件。

```
import py_compile
py_compile.compile('文件名.py')
```

（3）优化代码文件：文件以.pyo 为扩展名，是优化编译后的程序，也是二进制文件，适用于嵌入式系统。可以通过以下代码将.py 文件转换成.pyo 文件。

```
import py_compile
python -O -m py_compile 文件名.py
```

2.1.2 Python 编码规范

1. 编程运行方式

Python 程序可以在交互模式编程或脚本编程模式下运行。

(1)以交互模式运行:启动 Python 自带的 IDLE 或在命令提示符下运行 python.exe 回车,进入 Python 环境。例如:

>>>print('欢迎使用 Python')
欢迎使用 Python

(2)以脚本方式运行:对于大量代码的开发,经常采用以脚本方式运行,即利用编辑器输入 Python 代码,保存成*.py 文件,然后运行。例如使用 PyCharm 编辑程序、调试、运行。

2. Python 标识符

Python 标识符是用来标识一个变量、函数、类、模块或其他对象的名称。

Python 中的标识符命名规则应遵循如下规则:

(1)必须以下划线(_)或字母开头,后面接任意数量的下划线、字母或数字(0~9)。Python 3.x 支持 Unicode 字符,所以汉字等各种非英文字符也可以作为变量名。例如:_abc、速度、r_1 等。

(2)变量名区分大小写。Abc 和 abc 是两个不同的变量。

(3)禁止使用 Python 保留字(或称关键字)。表 2-1 列出了 Python 中的部分保留字。

表 2-1 常用保留字

and	del	For	is	raise
assert	elif	from	lanbda	return
break	else	global	not	try
class	except	if	or	while
continue	exec	import	pass	with
def	finally	in	print	yield

除了命名规则外,变量还有一些使用惯例,应尽量避免变量名使用下列样式:

(1)前后有下划线的变量名通常为系统变量,例如:_name_、_doc_。

(2)以一个下划线开头的变量(如_abc)不能被 from…import *语句从模块导入。

(3)以两个下划线开头、末尾无下划线的变量(如__abc)是类的本地变量。

3. 行和缩进

Python 使用缩进来表示代码块,而不需要使用大括号{}。

缩进的空格数是可变的,但是同一个代码块的语句必须包含相同的缩进空格数。例如:

```
if Score>90:
    print('A')
else:
    print ('B')
```

4. 注释

Python 中的注释有单行注释、多行注释、批量注释。Python 中单行注释以 # 开头,多行注释可以用多个 # 号或三引号''' '''。中文注释需要在文件中添加语句 "# coding = UTF-8"。例如:

```
1   #coding=UTF-8
2   #以下是一个显示
3   '''
4   作者:***
5   创作时间:2017-05-01
6   '''
7   print('欢迎使用 Python')
```

```
8    a=5
9    b=4
10   print(a+b)
```

5. 多行语句

Python 通常是一行写完一条语句,但如果语句很长,我们可以使用反斜杠(\)来实现多行语句,例如:

```
sum= num_1 + \
     num_2 + \
     num_3
```

6. 同一行显示多条语句

Python 可以在同一行中使用多条语句,语句之间使用分号(;)分割。

2.1.3 输入与输出

通常,一个程序都会有输入/输出,Python 可以用 input()进行输入,print()进行输出。

1. 输出语句 print()

使用 print()函数可以将数据显示到屏幕上,其功能类似 C 语言中的 printf()函数。print()可以输出字符串、数字类型,也可以输出数值、布尔、列表、字典等类型,同时指出格式化输出(见 2.3.5 节)。例如:

```
>>> print(10)                    #输出数值常量
10
>>> print('Hello World')         #输出字符串常量
Hello World
>>> x = 100
>>> print(x)                     #输出数值型变量
100
>>> s = 'Hello World '
>>> print(s)                     #输出字符串变量
Hello  World
```

print()可以输出多个变量,中间用逗号隔开。

2. 输入语句 input()

input() 函数可以将用户输入的字符串保存到变量中。例如:

```
name=input('请输入您的名字:')          #提示用户输入名字
print('你刚才输入的是%s' %name)        #显示你刚才输入的字符串   %s 为字符串转义
temp=input('请输入一个数字, a=')       #输入第一个数
a = int(temp)                        #将输入的数转换为数值型
temp = input('请输入第二个数字, b=')
b = int(temp)
c = a + b                            #计算 a+b
print('a+b=%d' %c)                   #打印 a+b 的值
c = a - b                            #计算 a-b
print('a-b=%d'%c)                    #打印 a-b 的值
```

2.2 Python 数据类型

Python3 中有 6 个标准的数据类型：Number（数字）、String（字符串）、List（列表）、Tuple（元组）、Sets（集合）、Dictionary（字典）。

2.2.1 Number（数字）

数字是程序处理的一种基本数据，Python 核心对象包含的常用数字类型有：整型（int）、浮点型（float）、布尔型（bool）以及与之相关的语法和操作。同时 Python 提供了复数（complex）以及无穷精度的长整型（long）。其数字类型的复杂程度按照整型、长整型、浮点数、复数的顺序依次递增。此外，Python 还允许将十进制的整型数表示为二进制数、八进制数、十六进制数。

（1）整型：整型常量就是不带小数点的数，但有正负之分，例如：1、100、-8080、0 等。在 Python 3.x 中不再区分整型和长整型。

（2）浮点型：浮点型由整数部分和小数部分组成，如 1.23、3.14、-9.01 等。浮点型也可以使用科学计数法表示，如 $2.5e2 = 2.5 \times 10^2 = 250$。

（3）布尔型：bool 只有两个值 True 和 False。

（4）复数：复数常量表示为"实部+虚部"形式，虚部以 j 或 J 结尾。可用 complex 函数来创建复数，其函数的基本格式为：complex（实部，虚部）。使用 type() 函数可以查询变量所指的对象类型。例如：

```
>>> a, b, c, d = 10, 2.5, True, 4+3j
>>> print(type(a), type(b), type(c), type(d))
<class 'int'> <class 'float'> <class 'bool'> <class 'complex'>
```

2.2.2 String（字符串）

字符串是一个有序的字符的集合，用来存储和表现基于文本的信息。

Python 字符串有多种表示方式。

1. 单引号和双引号

在表示字符常量时，单引号和双引号可以互换，可以用单引号或者是双引号两种形式返回相同类型的对象。同时单引号字符串可以嵌入双引号或在双引号中嵌入单引号。例如：

```
>>> 'abc',"abc"
('abc', 'abc')
>>> '123"abc'
'123"abc'
>>> "123'abc"
"123'abc"
```

2. 三引号

在表示字符常量时，三引号通常用来表示多行字符串，也被称为块字符。在显示时，字符串中的各种控制字符以转义字符显示。例如：

```
>>>str='''this is string
this is python string
this is string'''
>>>print (str)
```

三引号还可以作为文档注释，被三引号包含的代码作为多行注释使用。

说明：

（1）字符串可以使用 + 运算符将字符串连接在一起，或者用 * 运算符重复字符串，例如：

```
>>>print('str'+'ing','my'*3)
String mymymy
```

（2）Python 中的字符串有两种索引方式，第一种是从左往右，从 0 开始依次增加；第二种是从右往左，从-1 开始依次减少，例如：

```
>>>word='Hello'
>>>print(word[0],word[4])
Ho
>>> print(word[-1], word[-5])
oH
```

（3）可以对字符串进行切片，即获取子串。用冒号分隔两个索引，格式为：变量[头下标:尾下标]。截取的范围是前闭后开的，并且两个索引都可以省略，例如：

```
>>> word = 'Ilovepython'
>>> word[1:5]
'love'
>>> word[:]
'Ilovepython'
>>> word[5:]
'python'
```

3. 转义字符

在字符中使用特殊字符时，Python 用反斜杠（\）转义字符。其常用转义字符如表 2-2 所示。

表 2-2　常用转义字符

转义字符	说　　明	转义字符	说　　明
\\	反斜线	\r	回车符
\'	单引号	\t	水平制表符
\"	双引号	\v	垂直制表符
\a	响铃符	\0	Null，空字符串
\b	退格符	\ooo	八进制值表示 ASCII 码对应字符
\f	换页符	\xhh	十六进制值表示 ASCII 码对应字符
\n	换行符		

4. 带 r 或 R 前缀的 Raw 字符串

由于在 Python 中不会解析其字符串中的转义字符，利用 Raw 字符串来解决打开 Windows 系统中文件路径的问题。例如：

```
path=open('d:\temp\newpy.py','r')
```

Python 会将文件名字符串中的\t 和\n 处理为转义字符。为避免这种情况，可将文件名中的反斜线表示为转义字符，即：

```
path=open('d:\\temp\\newpy.py','r')
```

另一种表示方法，将反斜线用正斜线表示，即：

```
path=open('d:/temp/newpy.py','r')
```

或者使用 Raw 字符串来表示文件名字符串，例如：path=open(r'd:\temp\newpy.py','r')，这里 r 或 R 不区分大小写。

2.2.3 变量及其赋值

变量是计算机内存中的一块区域，存储规定范围内的值，其值在程序中可以改变。C、C++和 Java 等都属于静态数据类型语言，要求变量在使用前必须声明其数据类型。而 Python 属于动态数据类型语言，类型是在运行过程中自动决定，不需要通过代码声明，可以直接使用赋值运算符(=)对其进行赋值操作，根据所赋值来决定其数据类型。Python 中变量的命名遵循 Python 的标识符命名规则。

Python 支持多种格式的赋值语句。

1. 简单赋值

简单赋值用于为一个变量建立对象引用。例如：x=2。

2. 序列赋值

序列赋值指等号左侧是元组、列表表示的多个变量名，右侧是元组、列表或字符串等序列表示的值。序列赋值可以一次性为多个变量赋值。Python 顺序匹配变量名和值。例如：

```
>>> a,b=1,2            #使用省略圆括号的元组赋值
>>> a,b
(1, 2)
>>> (a,b)=10,20        #使用元组赋值
>>> a,b
(10, 20)
>>> [a,b]=[30,'abc']   #使用列表赋值
>>> a,b
(30, 'abc')
```

当等号右侧为字符串时，Python 会将字符串分解为单个字符，依次赋值给每个变量。此时，变量的个数和字符个数必须相等，否则会出错。例如：

```
>>> (x,y,z)='abc'      #用字符串赋值
>>> x,y,z
('a', 'b', 'c')
```

可以在变量名之前使用"*"，为变量创建列表对象引用。此时，不带星号的变量匹配一个值，剩余的值作为列表对象。例如：

```
>>>x,*y='abcd'         # x 匹配第一个字符，其余字符作为列表匹配给 y
>>>x,y
('a',['b','c','d'])
>>>*x,y='abcd'         # y 匹配最后一个字符，其余字符作为列表匹配给 x
>>>x,y
(['a','b','c'],'d')
```

3. 多目标赋值

多目标赋值指用连续的多个"="为变量赋值。例如：

```
>>> a=b=c=10           #将 10 赋值给变量 a, b, c
>>> a,b,c
(10, 10, 10)
```

说明：这种情况下作为值的整数对象 10 在内存中只有一个，变量 a、b、c 引用的是同一个变量。

4. 增强赋值

增强赋值指运算符与赋值相结合的赋值语句。例如：

```
>>> a=5
>>> a+=10              #等价于 a=a+10
>>> a
15
```

2.3 运算符和表达式

Python 中有丰富的运算符，包括算术运算符、关系运算符、字符串运算符、逻辑运算符。表达式是由运算符和圆括号将常量、变量和函数等按一定规则组合在一起的式子。根据运算符的不同，Python 有算术表达式、关系表达式、字符串表达式、逻辑表达式。

2.3.1 算术运算符和表达式

算数运算符包括加、减、乘、除、取余、取整、幂运算。Python 常用的算术运算符见表 2-3。

表 2-3 算术运算符

运算符	说明	实例	运算符	说明	实例
+	加	2+3 输出结果为 5	%	取余	9%2 输出结果为 1
-	减	2-3 输出结果为-1	//	取整	9//2 输出结果为 4
*	乘	2*3 输出结果为 6	**	幂运算	2**3 输出结果为 8
/	除	2/3 输出结果为 0			

【例 2-1】算数运算符及表达式举例。

```
1   #coding=UTF-8
2   #标准算术运算符实例
3   print ('''
4   python 中的标准算术运算符：+、-、*、/、//、%、**
5   标准算术运算符代表的相关操作：加、减、乘、除、浮点除法(对结果进行四舍五入)、取余、乘方运算符
6   ''')
7   add=3+5
8   print("%d + %d = %d" %(3,5,add))
9   sub=5-2
10  print("%d - %d = %d" % (5,2,sub))
11  mul=5 * 2
12  print("%d * %d = %d" %(5,2,mul))
13  div=10 / 2
14  print("%d / %d = %d" %(10,2,div))
15  fdiv=10 // 3
16  print("%d / / %d = %.1f" %(10,2,fdiv))
17  power=10 ** 3
18  print("%d ** %d = %d" %(10,3,power))
19  mod=10 % 3
20  print("%d %% %d = %d" %(10,3,mod))
```

代码说明：

程序第 1 行：用来指定文件编码为 utf-8，以支持在程序中使用中文。

程序第 3~6 行：打印由三引号组成的字符串，即程序说明。
程序第 7~8 行：加法运算并输出。
程序第 9~10 行：减法运算并输出。
程序第 11~12 行：乘法运算并输出。
程序第 13~14 行：除法运算并输出。
程序第 15~16 行：整除运算并输出。
程序第 17~18 行：乘方运算并输出。
程序第 19~20 行：计算余数并输出。
输出结果为：
3 + 5 = 8
5 - 2 = 3
5 * 2 = 10
10 / 2 = 5
10 // 2 = 3.0
10 ** 3 = 1000
10 % 3 = 1

2.3.2 赋值运算符和表达式

赋值运算除了一般的赋值运算（=）外，还包括各种复合赋值运算如+=、-=、*=、/=等。其功能是把赋值号右边的值赋给左边变量所在的存储单元。赋值运算符及其表达式见表 2-4。

表 2-4 赋值运算符

运算符	说明	实例
=	直接赋值	X=3；将 3 的值赋给 x；
+=	加法赋值	X+=3；等同于 x=x+3；
-=	减法赋值	X-=3；等同于 x=x-3；
*=	乘法赋值	X*=3；等同于 x=x*3；
/=	除法赋值	X/=3；等同于 x=x/3；
**=	幂赋值	X**=3；等同于 x=x**3；
//=	整除赋值	X//=3；等同于 x=x//3；

【例 2-2】赋值运算符举例。

```
1   a = 21
2   b = 10
3   c = 0
4   c = a + b
5   print ("Line 4 - Value of c is ", c)
6   c += a
7   print ("Line 6- Value of c is ", c)
8   c *= a
9   print ("Line 8 - Value of c is ", c)
10  c /= a
11  print ("Line 10- Value of c is ", c)
12  c = 2
13  c %= a
14  print("Line 13- Value of c is ", c)
15  c **= a
16  print ("Line 15 - Value of c is ", c)
```

```
17    c //= a
18    print ("Line 17 - Value of c is ", c)
```

程序的运行结果如下:

```
Line 4 - Value of c is  31
Line 6- Value of c is  52
Line 8 - Value of c is  1092
Line 10- Value of c is  52.0
Line 13- Value of c is  2
Line 15 - Value of c is  2097152
Line 17 - Value of c is  99864
```

2.3.3 逻辑运算符和表达式

逻辑运算符是执行逻辑运算的运算符。逻辑运算也称布尔运算,运算结果是逻辑真(True)或逻辑假(False)。Python 常用的逻辑运算符有 not、and 和 or 操作。逻辑运算符及其表达式见表 2-5。

表 2-5 逻辑运算符

运算符	说明	实例
and	逻辑与	X and Y: X, Y 同时为真返回 True, 否则返回 False
or	逻辑或	X or Y: X, Y 只要其中一个为真返回 True, 都为假时则返回 False
not	逻辑非	not X: X 为真返回 False, X 为假返回 True

【例 2-3】逻辑运算符举例。

```
1    a = 10
2    b = 20
3    c = 0
4    if ( a and b ):
5       print "Line 1 - a and b are true"
6    else:
7       print "Line 1 - Either a is not true or b is not true"
8
9    if ( a or b ):
10      print "Line 2 - Either a is true or b is true or both are true"
11   else:
12      print "Line 2 - Neither a is true nor b is true"
13
14
15   a = 0
16   if ( a and b ):
17      print "Line 3 - a and b are true"
18   else:
19      print "Line 3 - Either a is not true or b is not true"
20
21   if ( a or b ):
22      print "Line 4 - Either a is true or b is true or both are true"
23   else:
24      print "Line 4 - Neither a is true nor b is true"
25
26   if not( a and b ):
27      print "Line 5 - Either a is not true or b is not true"
28   else:
29      print "Line 5 - a and b are true"
```

程序的运行结果如下:

```
Line 1 - a and b are true
Line 2 - Either a is true or b is true or both are true
Line 3 - Either a is not true or b is not true
Line 4 - Either a is true or b is true or both are true
Line 5 - Either a is not true or b is not true
```

2.3.4 关系运算符和表达式

关系运算符也称比较运算符,用来对两个表达式的值进行比较,比较的结果为逻辑值。若关系成立返回 True,若关系不成立返回 False。在 Python 中常用的关系运算符及其表达式见表 2-6。

表 2-6 关系运算符

运算符	说明	实例	运算符	说明	实例
==	等于	(5==3)返回 False	>	大于	(5 > 8) 返回 False
!=	不等于	(5 != 3) 返回 True	<	小于	(5< 8) 返回 True
<>	不等于	('ABC' <> 'abc') 返回 True	>=	大于等于	(5 >= 8) 返回 False

例如:
```
>>> 3 < 6 and 3 == 6
False
>>> 3 > 6 or 3 < 6
True
>>> not 3.8 <= 3
True
>>> 3 < 4 < 5
True
```

2.3.5 字符串运算符和表达式

1. 字符串运算符和表达式

在 Python 中同样提供了对字符串进行相关处理的操作。在表 2-7 中,列举了常用的字符串运算符及其表达式。假设变量 a 为字符串"Hello",变量 b 为"Python"。

表 2-7 字符串运算符和表达式

运算符	说明	实例
+	字符串连接	a +b 输出结果:HelloPython
*	重复输出字符串	a*2 输出结果:HelloHello
[]	通过索引获取字符串中的字符	a[1] 输出结果 e
[:]	截取字符串中的一部分	a[1:4] 输出结果 ell
in	成员运算符:如果字符串中包含给定的字符则返回 True	'H' in a 输出结果 True
not in	如果字符串中不包含给定的字符则返回 True	'M' not in a 输出结果 True
r/R	原始字符串:所有的字符串都是直接按照字面的意思来使用,没有转义特殊或不能打印的字符。原始字符串除在字符串的第一个引号前加上字母"r"(可以大小写)以外,与普通字符串有着几乎完全相同的语法	print r'\n' prints \n 和 print R'\n' prints \n
%	格式字符串	print('%d + %d = %d' %(3,5,8))

【例 2-4】字符串运算符举例。
```
1    a = 'Hello'
2    b = 'Python'
```

```
3
4    print ('a + b 输出结果：', a + b)
5    print('a * 2 输出结果：', a * 2)
6    print ('a[1] 输出结果：', a[1])
7    print ('a[1:4] 输出结果：', a[1:4])
8    if( 'H' in a) :
9        print ('H 在变量 a 中')
10   else :
11       print 'H 不在变量 a 中'
12   if( 'M' not in a) :
13       print ('M 不在变量 a 中')
14   else :
15       print ('M 在变量 a 中')
16   print( r'\n')
```

程序的运行结果如下：

```
a + b 输出结果：HelloPython
a * 2 输出结果：HelloHello
a[1] 输出结果：e
a[1:4] 输出结果：ell
H 在变量 a 中
M 不在变量 a 中
\n
```

2. 字符串的格式化

编写程序的过程中，经常需要进行格式化输出，Python 中提供了字符串格式化操作符"%"，非常类似 C 语言里的 printf()函数的字符串格式化（C 语言中也使用%）。格式化字符串时，Python 使用一个字符串作为模板。模板中有格式符，这些格式符为真实值预留位置，并说明真实数值应该呈现的格式。Python 用一个 tuple 将多个值传递给模板，每个值对应一个格式符。例如：

```
>>> print("I'm %s. I'm %d years old" % ('tom', 20))
I'm tom. I'm 20 years old
```

上面的例子中，"I'm %s. I'm %d years old" 为模板。%s 为第一个格式符，表示一个字符串。%d 为第二个格式符，表示一个整数。('tom', 20)的两个元素'tom'和 20 分别替换%s 和%d 的真实值。在模板和 tuple 之间，有一个%号分隔，它代表了格式化操作。

Python 中格式符可以包含的类型见表 2-8。

表 2-8 格式符类型

格 式 符	说　　明
%c	转换成字符（ASCII 码值，或者长度为一的字符串）
%r	优先用 repr()函数进行字符串转换
%s	优先用 str()函数进行字符串转换
%d / %i	转成有符号十进制数
%u	转成无符号十进制数
%o	转成无符号八进制数
%x / %X	转成无符号十六进制数（x / X 代表转换后的十六进制字符的大小写）

格 式 符	说 明
%e / %E	转成科学计数法（e / E 控制输出 e / E）
%f / %F	转成浮点数（小数部分自然截断）
%g / %G	%e 和%f / %E 和%F 的简写
%%	输出%（格式化字符串里面包括百分号，那么必须使用%%）

通过"%"可以进行字符串格式化，但是"%"经常会结合下面的辅助符一起使用，见表2-9。

表2-9　格式化操作符辅助符

辅 助 符 号	说 明
*	定义宽度或者小数点精度
-	左对齐
+	在正数前面显示加号(+)
#	在八进制数前面显示零(0)，在十六进制数前面显示"0x"或者"0X"（取决于用的是"x"还是"X"）
0	显示的数字前面填充"0"而不是默认的空格
(var)	映射变量（通常用来处理字段类型的参数）
m.n	m 是显示的最小总宽度，n 是小数点后的位数

例如：

```
1   # -*- coding: utf-8 -*-
2   num = 100
3   print ('%d to hex is %x' %(num, num))
4   print ('%d to hex is %X' %(num, num))
5   print ('%d to hex is %#x' %(num, num))
6   print ('%d to hex is %#X' %(num, num))

7   # 浮点数
8   f = 3.1415926
9   print ('value of f is: %.4f' %f)

10  # 指定宽度和对齐
11  students = [{'name': 'zhangsan', 'age':20}, {'name': 'lisi', 'age':19}, {'name':
    'wangwu', 'age':19}]
12  print ('name: %10s, age: %10d' %(students[0]['name'], students[0]['age']))
13  print('name: %-10s, age: %-10d' %(students[1]['name'], students[1]['age']))
14  print('name: %*s, age: %0*d' %(10, students[2]['name'], 10, students[2]['age']))

15  # dict 参数
16  for student in students:
17      print('%(name)s is %(age)d years old' %student)
```

运行结果如下：

```
100 to hex is 64
100 to hex is 64
100 to hex is 0x64
100 to hex is 0X64
value of f is: 3.1416
name:   zhangsan, age:         20
name: lisi      , age: 19
name:     wangwu, age: 0000000019
```

```
zhangsan is 20 years old
lisi is 19 years old
wangwu is 19 years old
```

2.3.6 位运算符和表达式

位运算符是把数字看作二进制进行计算,Python 中的位运算符及其表达式如表 2-10 所示。

表 2-10 位运算符和表达式

运算符	说明	实例
&	按位与	X & Y
|	按位或	X | Y
^	按位异或	X ^ Y
~	按位取反	~ X
<<	按位左移	X<<Y
>>	按位右移	X>>Y

按位与:两个操作数 X、Y 按相同位置的二进制位进行与操作,两个位置上都是 1 时,位的与结果为 1,否则为 0。

按位或:两个操作数 X、Y 按相同位置的二进制位进行或操作,只要有一个位置上是 1 其结果为 1,否则为 0。

按位异或:两个操作数 X、Y 按相同位置的二进制位进行异或操作,位置上的数相同时结果为 0,否则为 1。

按位取反:操作数 X 的二进制位中,1 取反为 0,0 取反为 1,符号位也参与操作。

按位左移:两个操作数 X、Y,将 X 按二进制形式向左移动 Y 位,末尾补 0,符号位保持不变。向左移动一位等同于乘以 2。

按位右移:两个操作数 X、Y,将 X 按二进制形式向右移动 Y 位,符号位保持不变。向右移动一位等同于除以 2。

例如:

```
a = 0011 1100
b = 0000 1101
a&b = 0000 1100
a|b = 0011 1101
a^b = 0011 0001
~a  = 1100 0011
```

2.3.7 运算符的优先级

每一种运算符都有一定的优先级,用来决定它在表达式中的运算次序。表 2-11 列出了各类运算符的优先级,运算符优先级依次从高到低。如果表达式中包含括号,Python 会首先计算括号内的表达式,然后将结果用在整个表达式中。如当计算表达式 a+b*(c-d)/e 时,则运算符的运算次序依次为:( )、*、/、+。

第 2 章　Python 语言基础

表 2-11　运算符的优先级

运 算 符	说　　明
**	幂运算
~	按位取反
-	负号
*、%、/、//	乘法、取余、除法、取余
+、-	加法、减法
<<、>>	向左移位、向右移位
&	按位与
^	按位异或
|	按位或
<、<=、>、>=、==、!=	小于、小于等于、大于、大于等于、相等、不等
not、and、or	逻辑非、逻辑与、逻辑或

【例 2-5】运算符优先级举例。

```
1    *- coding: UTF-8 -*-
2    a = 20
3    b = 10
4    c = 15
5    d = 5
6    e = 0
7    e = (a + b) * c / d        #计算( 30 * 15 ) / 5
8    print ('(a + b) * c / d 运算结果为：', e)
9    e = ((a + b) * c) / d      # 计算(30 * 15 ) / 5
10   print (' ((a + b) * c) / d 运算结果为：', e )
11   e = (a + b) * (c / d);     #计算(30) * (15/5)
12   print (' (a + b) * (c / d)运算结果为：', e)
13   e = a + (b * c) / d        # 计算20 + (150/5)
14   print ('a + (b * c) / d 运算结果为：', e)
```

运行结果为：

(a + b) * c / d 运算结果为：90
((a + b) * c) / d 运算结果为：90
(a + b) * (c / d) 运算结果为：90
a + (b * c) / d 运算结果为：50

2.3.8　Python 常用的函数

1. 数据类型转换

程序在编写过程中时常需要对数据类型进行转换。Python 常用的数据类型转换函数见表 2-12。

表 2-12　常用数据类型转换函数

函　数　性	说　　明
int(x[,base])	将字符串常量或变量 x 转换为整数，参数 base 为可选参数
long(x[,base])	将字符串常量或变量 x 转换为长整数，参数 base 为可选参数
float(x)	将字符串常量或变量 x 转换为浮点数
eval(str)	计算在字符串中有效的 Python 表达式，并返回一个对象

续表

函 数 性	说 明
str(x)	将数值 x 转换为字符串
repr(obj)	将对象 obj 转换为可打印的字符串
chr(整数)	将一个整数转换为对应的 ASCII
ord(字符)	将一个字符转换为对应的 ASCII
hex(x)	将一个整数转换成一个十六进制字符串
oct(x)	将一个整数转换为一个八进制字符串
tuple(s)	将序列 s 转换为一个元组
list(s)	将序列 s 转换为一个列表
set(s)	将序列 s 转换为可变集合
dict(d)	创建一个字典，d 必须是一个序列(key,vlaue)元组

2. 常用的数学函数

Python 的 math 模块提供了基本数学函数。使用时首先用 import math 语句将 math 模块导入。math 模块中常用的数学函数见表 2-13。

表 2-13 常用的数学函数

函 数 名	说 明	函 数 名	说 明
abs(x)	返回数字的绝对值	fmod(x,y)	求 x/y 的余数
exp(x)	返回 e 的 x 次幂	sin(x)	求 x 的正弦
fabs(x)	返回数字的绝对值	cos(x)	求 x 的余弦
log10(x)	返回以 10 为底的 x 的对数	asin(x)	求 x 的反正弦
pow(x,y)	求 x 的 y 次幂	acos(x)	求 x 的反余弦
sqrt(x)	求 x 的平方根	tan(x)	求 x 的正切
floor(x)	求不大于 x 的正大整数	atan(x)	求 x 的反正切
ceil(x)	取不小于 x 的最小整数		

3. 常用的字符串处理函数

Python 提供了常用的字符串操作函数，常用的字符串处理函数见表 2-14。

表 2-14 常用的字符串处理函数

函 数 名	说 明
string.capitalize()	把字符串的第一个字符大写
string.center(width)	返回一个原字符串居中，并使用空格填充至长度 width 的新字符串
string.count(str, beg=0, end=len(string))	返回 str 在 string 里面出现的次数，如果 beg 或者 end 指定则返回指定范围内 str 出现的次数
string.decode(encoding='UTF-8', errors='strict')	以 encoding 指定的编码格式解码 string，如果出错默认报一个 ValueError 的异常
string.endswith(obj, beg=0, end=len(string))	检查字符串是否以 obj 结束，如果 beg 或者 end 指定则检查指定的范围内是否以 obj 结束，如果是，返回 True，否则返回 False
string.find(str, beg=0, end=len(string))	检测 str 是否包含在 string 中，如果 beg 和 end 指定范围，则检查是否包含在指定范围内，如果是返回开始的索引值，否则返回-1
string.format()	格式化字符串
string.isalnum()	如果 string 至少有一个字符并且所有字符都是字母或数字则返回 True，否则返回 False

续表

函 数 名	说 明
string.isalpha()	如果 string 至少有一个字符并且所有字符都是字母则返回 True，否则返回 False
string.isdecimal()	如果 string 只包含十进制数字则返回 True，否则返回 False
string.isdigit()	如果 string 只包含数字则返回 True，否则返回 False
string.islower()	如果 string 中包含至少一个区分大小写的字符，并且所有这些（区分大小写的）字符都是小写，则返回 True，否则返回 False
string.isnumeric()	如果 string 中只包含数字字符，则返回 True，否则返回 False
string.istitle()	如果 string 是标题化的（见 title()）则返回 True，否则返回 False
string.isupper()	如果 string 中包含至少一个区分大小写的字符，并且所有这些（区分大小写的）字符都是大写，则返回 True，否则返回 False
string.lower()	转换 string 中所有大写字符为小写
string.lstrip()	截掉 string 左边的空格
string.replace(str1, str2, num=string.count(str1))	把 string 中的 str1 替换成 str2，如果 num 指定，则替换不超过 num 次
string.rstrip()	删除 string 字符串末尾的空格
string.split(str="", num=string.count(str))	以 str 为分隔符切片 string，如果 num 有指定值，则仅分隔 num 个子字符串
string.splitlines([keepends])	按照行('\r', '\r\n', '\n')分隔，返回一个包含各行作为元素的列表，如果参数 keepends 为 False，不包含换行符，如果为 True，则保留换行符
string.title()	返回"标题化"的 string，即所有单词都是以大写开始，其余字母均为小写
string.upper()	转换 string 中的小写字母为大写

【例 2-6】字符串操作举例。

```
>>> string='i love python'
>>> string.capitalize()          # 把字符串的第一个字符大写
'I love python'
>>> string.count('o')            #返回 'o' 在 string 里面出现的次数
2
>>> string.isalnum()             #判断至少有一个字符并且所有字符都是字母或数字
False
>>> string.lower()               #将字符串转换为小写
'i love python'
>>> string.upper()               #将字符串转换为大写
'I LOVE PYTHON'
>>> string.split(' ')            #切分字符串
['i', 'love', 'python']
```

2.4 Python 数据结构

数据结构（Data Structure）是相互之间存在一种或者多种特定关系的数据元素集合，这些数据元素可以是数字或者字符，同样也可以是其他类型的数据结构。

在 Python 语言中，序列（Sequence）是最基本的数据结构。序列中，给每一个元素分配一个序列号——即元素的位置，该位置又被称为索引。第一个索引为 0，第二个索引为 1，后面以此类推。Python 中包含 6 种内建序列，本节着重讨论最常用的两种：列表和元组。除了序列数据结构，常用的 Python 数据结构还有映射（Map）和集合（Set）。

2.4.1 列表

列表（List）是 Python 语言中最通用的序列数据结构之一。列表是一个没有固定长度的，用来表示任意类型对象的位置相关的有序集合。列表的数据项不需要具有相同的类型，常用的列表操作主要包括：索引、连接、乘法和分片等。列表中的每个元素都分配一个数字——它的位置（索引），第一个索引是 0，第二个索引是 1，依此类推。

1. 列表的基本操作

（1）创建列表

创建一个列表，只要把逗号分隔的不同的数据项使用方括号括起来即可。例如：

```
>>>list1 = ['physics', 'chemistry', 2016, 2017]
>>>list2 = [1, 2, 3, 4, 5 ]
>>>list3 = ['a', 'b', 'c', 'd']
```

（2）访问列表

可以使用下标索引来访问列表中的值，也可以使用方括号的形式截取字符，例如：

```
>>>list1 = ['physics', 'chemistry', 2016, 2017]
>>>list2 = [1, 2, 3, 4, 5, 6, 7 ]
>>>print ('list1[0]: ', list1[0])
>>>print('list2[1:4]: ', list2[1:4])
```

运行结果为：

```
list1[0]: physics
list2[1:4]: [2, 3, 4]
```

（3）列表元素赋值

列表元素的赋值主要包括两种方法：列表整体赋值和列表指定位置赋值。例如：

```
>>>x=[1,2,3,4,5]
>>>x
[1, 2, 3, 4, 5]
>>>x[2]=1
>>>x
[1, 2, 1, 4, 5]
```

说明：程序设计中不能对不存在的位置进行赋值，如上例列表 x 内只包含 5 个元素，如果运行 x[5]=6，则会出现"IndexError: list assignment index out of range"的错误提示，提示索引超出范围。

（4）列表元素删除

使用 del 语句可以很容易地实现列表的删除操作，例如：

```
>>>x=['one','two','three','four']
>>>del x[2]
>>>x
['one', 'two', 'four']
```

与列表元素赋值相似，列表元素的删除只能针对已有元素进行删除，否则也会产生索引超出范围的错误提示。

（5）列表分片赋值

分片操作可以用来访问一定范围内的元素，也可以用来提取序列的一部分内容。分片是通过冒号相隔的两个索引来实现的，第一个索引的元素包含在片内，第二个索引的元素不包含在片内，例如：

```
>>> list =['a','b','c','d','e','f']          # 创建一个列表
>>>print(list[1:3])                          # 在屏幕上打印一个切片
['b', 'c']
```

说明：在 list 偏移访问中，与 C 语言中数组类似，同样用 list[0]表示列表第一项；b、c 分别是列表中第二、第三个元素，索引分别 1 和 2，可以看出，对于 list[x,y] 的切片片段为序号 x 到 y-1 之间的内容。

2. 列表的常用方法

方法是一个与对象有着密切关联的函数，列表的常用方法如表 2-15 所示。方法的调用格式为：
对象.方法（参数）

表 2-15 列表常用函数和方法

函数和方法	说　　明
append()	在列表末尾追加新的对象
count()	统计某元素在列表中出现的次数
extend()	在列表的末尾一次性追加另一个序列中的多个值
insert()	将对象插入列表中
pop()	移除列表中的一个元素，并返回该元素的值
reverse()	将列表中的元素反向存储
sort()	对列表进行排序
index()	在列表中找出某个值第一次出现的位置
remove()	用于移除列表中某个值的第一个匹配项
cmp()	用于比较两个列表的元素
len()	返回列表元素个数
max()	返回列表元素中的最大值
min()	返回列表元素中的最小值

（1）append()

append()方法用于在列表末尾追加新的对象，例如：
```
>>>te=[1,2,3,4]
>>>te.append(7)
>>>te
[1,2,3,4,7]
```

（2）count()

count()方法可以用来统计列表中某元素出现的次数。例如：
```
>>>te=['h', 'a', 'p', 'p', 'y']
>>>te.count('p')
2
```

count()方法可以统计列表中任意某元素的出现次数，该元素包括数字、字母、字符串甚至其他列表，例如：
```
>>>te=[[7,1], 2, 2, [2,[7,1]]]
>>>te.count(2)
2
>>>te.count([7,1])
1
```

（3）extend()

extend()方法可以在列表的末尾一次性追加一个新的序列中的值。与序列的连接操作不同，使用extend()方法修改了被扩展的序列，连接只是返回了一个新的序列，例如：

```
>>>one=['a', 'b', 'c', 'd']
>>>two=[ 'e', 'f', 'g']
>>>one.extend(two)
>>>one
[ 'a', 'b', 'c', 'd', 'e', 'f', 'g']
>>>a=['a', 'b', 'c', 'd']
>>>b=[ 'e', 'f', 'g']
>>>a+b
[ 'a', 'b', 'c', 'd', 'e', 'f', 'g']
>>>a
['a', 'b', 'c', 'd']
```

（4）insert()

insert()方法可以在指定位置添加新的元素，例如：

```
>>>te1=['a', 'b', 'd', 'e', 'f']
>>>te1.insert(2,'c')
>>>te1
['a', 'b', 'c', 'd', 'e', 'f' ]
```

（5）reverse()

reverse()方法可以实现列表的反向存放，例如：

```
>>>te=[1,2,3,4,5]
>>>te.reverse()
>>>te
[5,4,3,2,1]
```

（6）remove()

remove()方法用来删除列表中某元素值的第一个匹配项，例如：

```
>>>te=[1,2,1,3,4,5]
>>>te.remove(1)
>>>te
[2,1,3,4,5]
```

（7）sort()

sort()方法可以实现升序排列，还可以配合 reverse 方法实现降序排列，例如：

```
>>>te=[2,9,6,8,3,1]
>>>te.sort()
>>>te
[1,2,3,6,8,9]
>>>te.reverse()
>>>te
[9,8,6,3,2,1]
```

（8）cmp()

cmp(x, y)用于比较两个列表的元素。如果 x<y 则返回-1，x=y 则返回 0，x>y 则返回 1。cmp()的比较方法如下。

- 如果比较的元素是同类型的，则比较其值，返回结果。
- 如果两个元素不是同一种类型，则检查它们是否是数字。
  - 如果是数字，执行必要的数字强制类型转换，然后比较；

- 如果有一方的元素是数字，则另一方的元素大（数字最小）；
- 否则，通过类型名字的字母顺序进行比较。
* 如果有一个列表首先到达末尾，则另一个长一点的列表大。
* 如果用尽了两个列表的元素而且所有元素都是相等的，返回0。

2.4.2 元组

序列数据结构的另一个重要类型是元组，元组与列表非常类似，唯一的不同是元组一经定义，其内容就不能修改。此外，元组元素可以存储不同类型的数据，包括字符串、数字，甚至是元组。

1. 元组的创建

元组的创建非常简单，可以直接用逗号分隔来创建一个元组，例如：
```
>>>1,2,3
(1, 2, 3)
```
大多情况下，元组元素是用括号括起来的：
```
>>>te=(1, 2, 3)
>>>te
(1, 2, 3)
```
说明：即使只创建包含一个元素的元组，也需要在创建的时候加上逗号分隔符。例如：
```
>>>te=(42)
>>>te
42
>>>te=(42, )
>>>te
(42, )
```
除了这两种方法之外，还可以用 **tuple()** 函数将一个序列作为参数，并将其转换成元组。如果参数本身就是元组，则会原样返回，例如：
```
>>>te1=tuple([1, 2, 3])
>>>te1
(1, 2, 3)
>>>te2=tuple('abcd')
>>>te2
('a','b','c','d')
>>>te3=tuple(1, 2, 3)
>>>te3
(1, 2, 3)
```

2. 元组的基本操作

元组的操作主要是元组的创建和元组元素的访问，除此之外的操作与列表基本类似。

（1）元组元素的访问

与列表相似，元组元素可以直接通过索引来访问，例如：
```
>>>te=('I', 'have', 'a', 'dream')
>>>te[1]
have
```

（2）元组元素的排序

与列表不同，元组的内容不能发生改变，因此适用于列表的 sort() 方法并不适用于元组，元组的排序只能先将元组通过 list 方法转换成列表，然后对列表进行排序，再将列表通过 tuple 方法转换成元组。
```
>>>te1=(1, 3, 2, 4, 5)
>>>te2=list(te1)
>>>te2.sort()
>>>te1=tuple(te2)
>>>te1
(1, 2, 3, 4, 5)
```

2.4.3 字典

在 Python 的数据结构类型中，除了序列数据结构还有一种非常重要的数据结构——映射（Map）。字典结构是 Python 中唯一内建的映射类型。与序列数据结构最大的不同是字典结构中每个字典元素都有键（Key）和值（Value）两个属性，字典的每个键值对(key=>value)用冒号(:)分割，每个对之间用逗号(,)分割，整个字典包括在花括号({})中，格式如下：

d = {key1 : value1, key2 : value2 }

字典可以通过顺序的阅读实现对字典元素的遍历，也可以通过对某个字典元素的键进行搜索从而找到该字典元素对应的值。

字典的基本操作与序列在很多方面相似，主要方法如表 2-16 所示。

表 2-16 字典基本函数和方法

函数和方法	说　　明
dict()	通过映射或者序列对建立字典
clear()	清除字典中的所有项
pop()	删除指定的字典元素
in()	判断字典是否存在指定元素
fromkeys()	使用指定的键建立新的字典，每个键对应的值默认为 None
get()	根据指定键返回对应的值，如果键不存在，返回 None
values()	以列表的形式返回字典中的值
update()	将两个字典合并
copy()	实现字典的复制，返回一个具有相同键—值的新字典

（1）dict()方法

dict()方法实现利用其他映射或者序列对建立新的字典，例如：
```
>>>te1=[('name', 'Damon'), ('sex', 'man')]
>>>te=dict(te1)
>>>te
{'name': 'Damon', 'sex', 'man'}
>>>te['name']
'Damon'
```

（2）clear()方法

clear 方法用来清除字典中的所有字典元素，无返回值。例如：
```
>>>te={}
>>>te['name']='Damon'
>>>te['sex']='man'
>>>te
{'name': 'Damon', 'sex', 'man'}
>>>tereturn=te.clear()
>>>te
```

```
{}
>>>print (tereturn)
None
```

(3) pop()方法

clear()方法可以清除整个字典,当需要在指定位置进行清除时可以使用 pop()方法。pop()方法可以获得对应于给定键的值,然后将这个"键—值"对删除。例如:

```
>>>te={'x' :1, 'y':2, 'z':3}
>>>te.pop('y')
2
>>>te
{'x' :1, 'z':3}
```

(4) get()方法

如果直接访问字典中不存在的元素,会提示"keyError"错误,因此可以利用 get()方法进行元素值的获取,当字典中不存在该元素时会返回 None。例如:

```
>>>te={'x' :1, 'y':2, 'z':3}
>>>print (te['a'])
Traceback (most recent call last):
File '<stdin>', line 1, in <module>
KeyError: 'a'
>>>print (te.get('a'))
None
```

(5) values()方法

values()方法以列表的形式返回字典中的值,与返回值的序列不同的是,返回值的列表中可以包含重复的元素。例如:

```
>>>d={}
>>>d[1]=1
>>>d[2]=2
>>>d[3]=3
>>>d[4]=3
>>>d.values()
[1, 2, 3, 3]
```

(6) update()方法

update()方法可以将两个字典合并,得到新的字典。例如:

```
>>>te1={'name': '小明', 'sex':'男'}
>>>te2={'age': '18', 'call':'13800000000'}
>>>te1.update(te2)
>>>te1
{'age': '18', 'call':'13800000000', 'name': '小明', 'sex':'男'}
```

需要注意的是,当两个字典中有相同键时会进行覆盖。例如:

```
>>>te1={'name': '小明', 'sex':'男'}
>>>te2={'name': 'Damon', 'call':'13800000000'}
>>>te1.update(te2)
>>>te1
{'call':'13800000000', 'name': 'Damon', 'sex':'男'}
```

2.4.4 集合

与前文介绍的两种数据结构不同,集合(Set)对象是由一组无序元素组成,可以分为可变集合

（Set）和不可变集合（Frozenset）。不可变集合是可哈希的，可以当作字典的键。

1. 集合的基本操作

集合常见的操作如表 2-17 所示。

表 2-17 集合基本方法

方　　法	说　　明
set()	创建一个可变集合
add()	在集合中添加元素
update()	将另一个集合中的元素添加到指定集合中
remove()	删除指定的集合

（1）集合的创建

set()方法可以创建一个可变集合。当然，如果要创建一个可哈希的不可变集合时就要采用 frozenset()方法。例如：

```
>>>te1=set('Python')
>>>type(te1)
<type 'set'>
>>>te1
set(['h', 'o', 'n', 'P', 't', 'y'])
>>>te2=frozenset('Python')
>>>type(te2)
<type 'frozenset'>
>>>te2
frozenset(['h', 'o', 'n', 'P', 't', 'y'])
```

（2）add()方法

add()方法可以添加集合元素。例如：

```
>>>te=set('Python')
>>>te.add('add')
>>>te
set(['h', 'o', 'n', 'P', 'add', 't', 'y'])
```

（3）update()方法

update()方法能够将另外一个集合添加到指定的集合中。例如：

```
>>>te1=set([1,2,3])
>>>te2=set([4,5,6])
>>>te1.update(te2)
>>>te1
set([1, 2, 3, 4, 5, 6])
```

（4）remove()方法

remove()方法可以删除指定的集合元素，同时使用 clear()方法可以清除指定集合中的所有元素。例如：

```
>>>te=set([1,2,3,4,5,6])
>>>te.remove(3)
>>>te
set([1, 2, 4, 5, 6])
>>>te.clear()
set([])
```

2. 集合运算符操作

除了常用的基本操作之外，集合还可以使用集合运算符进行操作处理，如表 2-18 所示。

表 2-18 集合基本操作符

操作符	实例	集合操作
==	A==B	如果集合 A 等于集合 B 返回 True，反之返回 False
!=	A!=B	如果集合 A 不等于集合 B 返回 True，反之返回 False
<	A<B	如果集合 A 是集合 B 的真子集返回 True，反之返回 False
<=	A<=B	如果集合 A 是集合 B 的子集返回 True，反之返回 False
>	A>B	如果集合 A 是集合 B 的真超集返回 True，反之返回 False
>=	A>=B	如果集合 A 是集合 B 的超集返回 True，反之返回 False
|	A|B	计算集合 A 与集合 B 进行并集
&	A&B	计算集合 A 与集合 B 进行交集
-	A-B	计算集合 A 与集合 B 进行差集

【例 2-7】集合运算符操作实例。

```
>>>te1=set([1,2,3])
>>>te2=set([1,2])
>>>te1==te2
False
>>>te1!=te2
True
>>>te1>te2
True
>>>te3=te1|te2
>>>te3
set([1,2,3])
>>>te4=te1&te2
>>>te4
set([1,2])
>>>te5=te1-te2
>>>te5
set([3])
```

2.5 程序控制结构

程序流程的控制是通过有效的控制结构来实现的，结构化程序设计有 3 种基本控制结构：顺序结构、选择结构和循环结构。由这 3 种基本结构还可以派生出"多分支结构"，即根据给定条件从多个分支路径中选择执行其中的一个。本节主要介绍选择结构和循环结构。

2.5.1 选择结构

选择结构，即根据所选择条件为真（即判断条件成立）与否，做出不同的选择，从各实际可能的不同操作分支中选择一个且只能选一个分支执行。此时需要对某个条件做出判断，根据这个条件的具体取值情况，决定执行哪个分支操作。

Python 中的选择结构语句分为 if 语句、if else 语句、if elif else 语句。

1. if 语句

if 语句用于检测表达式是否成立，如果成立则执行 if 语句内的语句块（或语句），否则不执行 if 语句，流程图如图 2-1 所示。

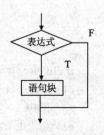

图 2-1 if 语句流程图

if 语句的格式如下：

```
if (表达式)：
    语句块
```

例如：
```
>>>c=10
>>>if c>5:
…    print ('C>5')
C>5
```

2. if else 语句

检测表达式的值是否成立，如果成立则执行 if 语句内的语句块 1（或语句 1），否则执行 else 后的语句块 2（或语句 2），流程图如图 2-2 所示。

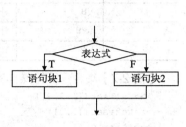

图 2-2　if else 语句流程图

if else 语句的格式如下：
```
if (表达式)：
    语句块 1
else:
    语句块 2
```

例如：
```
>>>name='Damon'
>>>if name=='Tom':
…    print("Hello,Tom")
… else:
…    print("Hello,"+name)
…
Hello,Damon
```

3. if elif else 语句

当在程序设计中需要检查多个条件时，可以使用 if elif else 语句实现，其流程图如图 2-3 所示。

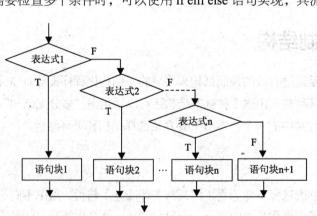

图 2-3　if elif else 语句流程图

if elif else 语句格式如下：
```
if (表达式 1)：
    语句块 1
elif (表达式 2):
    语句块 2
```

```
...
elif (表达式 n):
    语句块 n
else:
    语句块 n+1
```

【例 2-8】编写程序，对两个数进行比较，并输出较大的数。代码如下：
```
1   a = input("a:")
2   b = input("b:")
3   if(a > b):
4       print('a=', a)
5   else:
6       print ('b=', b)
```

【例 2-9】编写程序，输入学生的百分制成绩，给出相应的等级。设 A 级为 90 分以上（包括 90 分），B 级为 80 分以上（包括 80 分），C 级为 60 分以上（包括 60 分），D 级为 60 分以下。
```
1  # -*- coding: utf-8 -*-
2  score =input("请输入学生成绩: ")
3  score=int(score)
4  if(score >= 90):
5      print('A')
6  elif(score >= 80):
7      print('B')
8  elif(score >= 60):
9      print('C')
10 else:
11     print('D')
```

程序说明：

程序第 1 行：用于声明编码方式以支持程序中的中文。

程序第 2 行：将输入的成绩转换为整型。

程序第 4~11 行：判断成绩等级及显示。

2.5.2 循环结构

循环结构表示在执行语句时，需要对其中的某个或某部分语句重复执行多次。在 Python 程序设计语言中主要有两种循环结构：while 循环和 for 循环。通过这两种循环结构可以提高编码效率。

1. while 循环

while 语句是 Python 语言中最常用的迭代结构，while 循环就是对决定循环的条件进行判断，如果条件成立，则执行循环体，当条件不成立时，循环结束。

while 语句格式如下：
```
while (表达式):
    <语句块>
    ...
```

当 while 中的判断表达式为真时，循环执行其下面缩进的语句块。

【例 2-10】利用 while 循环语句计算 1+2+…+100。代码如下：
```
1   sum=0
2   i=1
```

```
3    while (i<=100):
4        sum +=i
5        i +=1
6    print('sum=',sum)
```

程序说明：

该程序利用 while 循环实现了正整数 1 到 100 的累加和。x<=100 是 while 循环的判断语句，当 x 的值小于 100 时，执行由 sum+=i 和 i+=1 两条语句组成的语句块，从而实现累加操作。

【例 2-11】利用 while 循环语句输出斐波那契数列的前 20 项。斐波那契数列为：0、1、1、2、3、5、8、13、21、…，从第三个元素开始，它的值等于前面两个元素的和。代码如下：

```
1    a, b = 0, 1
2    i=1
3    print(a,end=' ')
4    while i < 20:
5        print(b, end=' ')
6        a, b = b, a+b
7        i+=1
```

程序运行结果：0 1 1 2 3 5 8 13 21 34 55 89 144 233 377 610 987 1597 2584 4181

程序说明：

程序第 1 行：给变量 a,b 赋初值，即斐波那契数列的前两项。

程序第 2 行：循环变量赋初值。

程序第 3 行：打印出第一个数 "0"，且打印后不换行。

程序第 4 行：while 循环。

程序第 5 行：循环打印即斐波那契数列的各项（变量 b 的值）。

程序第 6 行：每打印一项后，将 b 的值赋值给 a，将 a+b 的值赋值给 b，进行下一次循环。

程序第 7 行：循环变量加 1。

【例 2-12】利用 while 循环语句编写一个猜价格的程序。在用户猜了价格后提示高或者低，直至猜中为止。代码如下：

```
1    # -*- coding: utf-8 -*-
2    number =int(input('输入商品的真实价格:'))      #输入价格并转换为数值型
3    running = True
4    while running:
5        guess = int(input('输入一个整数: '))
6        if guess == number:
7            print('恭喜，你猜对了。')
8            running = False                      #这时 while 循环停止
9        elif guess < number:
10           print('不对，你猜的有点儿小。')
11       else:
12           print('不对，你猜的有点儿大。')
13   else:
14       print('while 循环结束。')
15   print('完成')
```

2. for 循环

while 语句可以用来在任何条件为真的情况下重复执行一个代码块。但是在对字符串、列表、元组等可迭代对象进行遍历操作时，while 语句则难以实现遍历目的，这时可以使用 for 循环语句来实现。

在 Python 语言中，for 循环首先定义一个赋值目标以及想要遍历的对象，然后缩进定义想要操作的语句块。for 语句格式如下：

```
for 变量 in 集合：
    语句块
    ...
```

for 循环执行过程：每次从集合（集合可以是元组、列表、字典等）中取出一个值，并把该值赋给迭代变量，接着执行语句块，直到整个集合完成（到尾部）。

for 循环经常和 range() 函数联合使用，以遍历一个数字序列。range() 函数可以创建一系列连续增加的整数，例如：

```
>>> range(10)
[0, 1, 2, 3, 4, 5, 6, 7, 8, 9]
>>> range(1,10)
[1, 2, 3, 4, 5, 6, 7, 8, 9]
>>> range(0,10,3)
[0, 3, 6, 9]
>>> range(-4,4)
[-4, -3, -2, -1, 0, 1, 2, 3]
```

【例 2-13】输出 100~300 之间的所有素数。只能被 1 和本身整除的正整数称为素数。为了判断一个数 n 是否为素数，可以将 n 被 2 到 $\sqrt{n}$ 间的所有整数除，如果都除不尽，则 n 就是素数，否则 n 是非素数。代码如下：

```
1    import math
2    for i in range(100, 300 + 1):
3        for j in range(2,int( math.sqrt(i))+ 1):
4            if i % j == 0:
5                break
6        else:
7            print(i)
```

程序说明：

程序第 1 行：导入 math 模块，该模中包含求根号函数。

程序第 2 行：依次从 100～300 中取出 1 个数赋值给变量 i。

程序第 3 行：将 i 被 2 到 $\sqrt{i}$ 间的所有整数除。

程序第 4 行：如果余数为 0，则跳出循环，说明不是一个素数。

程序第 5 行：跳出循环。

程序第 7 行：打印素数。

【例 2-14】已知 Python 列表 a = [100,90,79,45,30,10]，编写程序将 a 列表中的元素逆向排序。代码如下：

```
1    # -*- coding: UTF-8 -*-
2    a = [100,90,79,45,30,10]
3    N=len(a)
4    print(a)
5    for i in range(int(len(a)/2)):
6        a[i],a[N - i - 1] = a[N - i - 1],a[i]
7    print(a)
```

程序说明：

程序第 2 行：创建列表。

程序第 3 行：计算列表长度。

程序第 4 行：打印列表。

程序第 5 行：for 循环。

程序第 6 行：a[i]和 a[N-i+1]交换，即：第一个元素和第 6 个交换……

程序第 7 行：打印交换后的列表。

3. continue 语句

一般而言，循环会在执行到条件为假时自动退出，但是在实际的编程过程中，有时需要中途退出循环操作。Python 语言中主要提供了两种中途跳出方法：continue 语句和 break 语句。

continue 语句的作用是立即结束本次循环，重新开始下一轮循环，也就是说，跳过循环体中在 continue 语句之后的所有语句，继续下一轮循环。例如，编程打印 1～10 之间的奇数的程序如下：

```
>>>x=10
>>>while x:
…    x-=1
…    if x % 2 == 0:continue
…    print (x)
…
9
7
5
3
1
```

该程序通过 continue 语句跳过了所有的偶数。

4. break 语句

与 continue 语句不同，break 语句的作用是跳出整个循环，其后的代码都不会执行。使用 break 语句可以避免循环嵌套从而形成死循环，同时 break 语句也被广泛地应用于对目标元素的查找操作，一旦找到目标元素便终止循环，例如，编程实现在 0～99 中寻找最大能被开方数的程序如下：

```
>>>from math import sqrt
>>>for n in range(99,0,-1):
…    root=sqrt(n)
…    if root==int(root):
…        print(n)
…        break
…
81
```

当该程序找到所需的数据时使用 break 语句跳出循环，终止查找。

2.6 编程实践

【例 2-15】将一个数插入一个有序的数组中，并使其仍然有序。

分析：将一个数插入一个有序的数组中，首先要查找插入的位置 $k(1 \leqslant k \leqslant n-1)$，然后从 $n-1$ 到 k 逐一向后移动一个位置，将第 k 个元素的位置腾出，最后将数据插入。代码如下：

```
1    #!/usr/bin/python
2    # -*- coding: UTF-8 -*-
```

```
3      a = [1,4,6,9,13,16,19,28,40,100,0]
4      print( 'original list is:')
5      for i in range(len(a)):
6          print(a[i])
7      number = int(input("insert a new number:\n"))
8      end = a[9]
9      if number > end:
10         a[10] = number
11     else:
12         for i in range(10):
13             if a[i] > number:
14                 temp1 = a[i]
15                 a[i] = number
16                 for j in range(i + 1,11):
17                     temp2 = a[j]
18                     a[j] = temp1
19                     temp1 = temp2
20                 break
21     for i in range(11):
22         print( a[i])
```

【例 2-16】编写程序实现在列表中查找最大值及最小值并输出。该程序设计中用到了列表、循环以及基本的数学计算。代码如下：

```
1      num=input('Please enter the number of data to retrieve:')    #输入待检索数据的长度
2      i=0
3      dates=[]
4      while i<num:                                    #通过while循环实现列表的初始化赋值
5          p=input('list assignment index out of range:')
6          dates.append(p)
7          i+=1
8      print('The data you entered is:')
9      print(dates)
10     max=dates[0]
11     for aa in dates:                                #通过for循环实现最大值的获取
12         if max<aa:
13             max=aa
14     print('The maximum value is:')
15     print(max)
16     min=dates[0]
17     for bb in dates:                                #通过for循环实现最小值的获取
18         if min>bb:
19             min=bb
20     print('The minimum value is: ')
21     print(min)
```

【例 2-17】随机产生 10 个数，用冒泡法排序（从小到大）。

冒泡法排序的思想是，将数组中的数据两两进行比较，每次将较大的数据交换到后面，直到大数沉底，小数冒出。代码如下：

```
1      # -*- coding: utf-8 -*-
2      import random
3      #随机生成0~10000000之间的数值
4      a=[]
5      i=0
6      while i<10:
```

```
7        a.append(random.randint(0,100))       #将随机数追加入列表中
8        i+=1
9    print(a)
10   l=len(a)-2
11   i=0
12   while i<l:
13       j=l
14       while j>=i:
15           if(a[j+1]<a[j]):
16               a[j],a[j+1]=a[j+1],a[j]        #数据交换
17               j-=1
18       i+=1
19   print(a)
```

【例 2-18】输入一个小于等于 5 位的正整数,判断数的位数,并将此数逆序打印,例如,输入 2345,打印结果为 4 位数 5432。程序代码如下:

```
1    # -*- coding: utf-8 -*-
2    x = int(input("请输入一个数:\n"))         #输入一个数
3    a = x / 10000                            #取出五位数的第一位
4    b = x % 10000 / 1000                     #取出五位数的第二位
5    c = x % 1000 / 100
6    d = x % 100 / 10
7    e = x % 10
8
9    if a != 0:                               #如果第一位不为 0
10       print("5 位数: ",e,d,c,b,a)
11   elif b != 0:                             #如果第二位不为 0
12       print( "4 位数: ",e,d,c,b)
13   elif c != 0:
14       print( "3 位数: ",e,d,c)
15   elif d != 0:
16       print( "2 位数: ",e,d)
17   else:
18       print ("1 位数: ",e )
```

【例 2-19】求一分数序列:2/1,3/2,5/3,8/5,13/8,21/13…的前 20 项之和。代码如下:

```
1    a = 2.0
2    b = 1.0
3    s = 0
4    for n in range(1,21):
5        s += a / b
6        t = a
7        a = a + b
8        b = t
9    print (s)
```

【例 2-20】输入一行字符,分别统计出其中英文字母、空格、数字和其他字符的个数。代码如下:

```
1    #!/usr/bin/python
2    # -*- coding: UTF-8 -*-
3
4    import string                            #导入 string 模块
5    s = input('input a string:\n')           #输入字符串
6    letters = 0                              #记录字符数目的变量
```

```
7       space = 0                          #记录空格数目的变量
8       digit = 0                          #记录数字数目的变量
9       others = 0                         #记录其他字符数目的变量
10      for c in s:                        #遍历字符串
11          if c.isalpha():
12              letters += 1
13          elif c.isspace():
14              space += 1
15          elif c.isdigit():
16              digit += 1
17          else:
18              others += 1
19      print( 'char = %d,space = %d,digit = %d,others = %d' % (letters,space,digit,others))
```

2.7 习题

1. 选择题

（1）按变量名的定义规则，（　　）是不合法的变量名。
　　A．def　　　　　　B．Mark_2　　　　　C．tempVal　　　　D．Cmd

（2）可作为 Python 字符串常量的是（　　）。
　　A．m　　　　　　　B．#01/01/99#　　　C．"m"　　　　　　D．True

（3）表达式 int(8* math.sqrt(36)*10**(-2)*10+0.5)/10 的值是（　　）。
　　A．0.48　　　　　　B．0.048　　　　　　C．0.5　　　　　　D．0.05

（4）表达式"123" +"100"的值是（　　）。
　　A．223　　　　　　B．'123+100'　　　　C．'123100 '　　　　D．123100

（5）表达式 3//3*3/3 % 3 的值是（　　）。
　　A．1.0　　　　　　B．-1　　　　　　　C．3　　　　　　　D．-3

（6）表示"身高 H 超过 1.7 米且体重 W 小于 62.5 公斤"的逻辑表达式为（　　）。
　　A．H>=1.7 and W<=62.5　　　　　　　　B．H<=1.7 or W>=62.5
　　C．H>1.7 and W<62.5　　　　　　　　　 D．H>1.7 or W<62.5

（7）在一个语句行内写多条语句时，语句之间应该用（　　）分隔。
　　A．逗号　　　　　　B．分号　　　　　　C．顿号　　　　　　D．冒号

（8）在 Python 中注释语句使用（　　）符号来标志。
　　A．#　　　　　　　B．*　　　　　　　　C．'　　　　　　　　D．@

（9）下列（　　）语句在 Python 中是非法的。
　　A．x = y = z = 1　　B．x = (y = z + 1)　　C．x, y = y, x　　　　D．x += y

（10）关于 Python 内存管理，下列说法错误的是（　　）。
　　A．变量不必事先声明　　　　　　　　　B．变量无须先创建和赋值即可直接使用
　　C．变量无须指定类型　　　　　　　　　D．可以使用 del 释放资源

（11）执行下列语句后的显示结果是（　　）。
```
>>> world="world"
>>> print("hello"+ world)
```

A. helloworld　　　B. "hello"world　　　C. hello world　　　D. 语法错误

（12）下列说法是错误的是（　　）。

　　A. 除字典类型外，所有标准对象均可以用于布尔测试
　　B. 空字符串的布尔值是 False
　　C. 空列表对象的布尔值是 False
　　D. 值为 0 的任何数字对象的布尔值是 False

（13）Python 不支持的数据类型有（　　）。

　　A. char　　　B. int　　　C. float　　　D. list

（14）type(10+2*3.1)的结果是（　　）。

　　A. <type 'int'>　　　B. <type 'long'>　　　C. <type 'float'>　　　D. <type 'str'>

（15）Python 中关于字符串下列说法错误的是（　　）。

　　A. 字符应该视为长度为 1 的字符串
　　B. 字符串以\0 标志字符串的结束
　　C. 既可以用单引号，也可以用双引号创建字符串
　　D. 在三引号字符串中可以包含换行回车等特殊字符

（16）以下不能创建一个字典的语句是（　　）。

　　A. dict1 = {}　　　　　　　　　　B. dict2 = {2:7}
　　C. dict3 = dict([2,7],[3,5])　　　D. dict4 = dict(([1,2],[3,4]))

（17）下面不能创建一个集合的语句是（　　）。

　　A. s1=set()　　　　　　　　　B. s2=set("abcd")
　　C. s3=(1, 2, 3, 4)　　　　　　　D. s4 =frozenset((3,2,1))

（18）下列 Python 语句正确的是（　　）。

　　A. min = x if x < y else y　　　　B. max = x > y ? x : y
　　C. if (x > y) print (x)　　　　　　D. while True : pass

（19）在列表中，第一个元素的索引是（　　）。

　　A. 1　　　B. -1　　　C. 0　　　D. 2

（20）在列表末尾追加新对象的方法是（　　）。

　　A. add　　　B. append　　　C. extend　　　D. insert

（21）下列属于映射数据结构的是（　　）。

　　A. 字典　　　B. 列表　　　C. 元组　　　D. 集合

2. 填空题

（1）一元二次方程 $ax^2+bx+c=0$ 有实根的条件是：$a\neq 0$，并且 $b^2-4ac\geq 0$。表示该条件的表达式是_____。

（2）关系式 $x\leq -5$ 或 $x\geq 5$ 所对应的表达式是_____。

（3）设 A=3.5，B=5.0，C=2.5，D=True，则表达式 A>0 and A+C>B+3 or not D 值为_____。

（4）表达式 2**3*4%5 的值为_____。

（5）函数 range(1,1,1)的值是_____。

（6）格式化输出浮点数：宽度 10，2 位小数，左对齐，则格式串为_____。

（7）表达式 chr(ord('b'))的值为_____。
（8）Python 程序设计中常见的控制结构有_____，_____和_____。
（9）Python 程序设计中跳出循环的两种方式是_____和_____。
（10）可以使用_____符号把一行过长的 Python 语句分解成几行。
（11）每一个 Python 的_____都可以被当作一个模块。导入模块要使用关键字_____。
（12）Python 的数字类型分为_____、_____、_____、_____、_____等子类型。
（13）Python 序列类型包括_____、_____、_____三种。
（14）设 s='abcdefg'，则 s[2]值是_____，s[2:4]值是_____，s[:4]值是_____，s[1:]值是_____，s[::-1]值是_____。
（15）删除字典中的所有元素的函数是_____，返回包含字典中所有键的列表的函数是_____，返回包含字典中所有值的列表的函数是_____，判断一个键在字典中是否存在的函数是_____。

3．简答题
（1）列举出 Python 的数据类型。
（2）简述 Python 的标识符命名规则。
（3）简述列表的定义，以及举例列表常用的 5 种方法及其含义。
（4）简述 if…elif…else 的使用规则及方法。
（5）列出两种跳出循环的方式并指出其不同点。

4．程序设计题
（1）编程实现 9×9 乘法口诀表的输出。
（2）编写程序，判断用户输入的年份是否为闰年。
（3）我国有 13 亿人口，按人口年增长 0.8%计算，编程计算多少年后我国人口超过 40 亿。
（4）编程计算一个班 100 名学生的平均成绩，然后统计高于平均分的人数。
（5）计算 1-1/2+1/3-1/4+…+1/99-1/100+…直到最后一项的绝对值小于 10^{-4} 为止。
（6）对已知存放在列表中的 6 个随机数，用选择法排序（由小到大）。

第3章 Python函数及模块

本章重点

- 创建函数的语法
- 函数的调用方法
- 函数的几种常见参数的定义及使用
- 嵌套函数的使用
- 递归函数的使用
- 变量的作用域
- 模块的导入和创建
- 模块包的概念与使用

本章难点

- 函数的几种常见参数的定义及使用
- 嵌套函数的使用
- 变量的作用域
- 模块的导入和创建

在应用程序的编写中，有时遇到的问题比较复杂，往往需要把大的编程任务逐步细化，分成若干个功能模块，这些功能模块通过执行一系列的语句来完成一个特定的操作过程，这就需要用到函数。函数可以将需要重复执行的语句块进行封装，实现代码重用。本章将介绍函数的基本知识，包括函数的定义、调用、参数、嵌套、递归，以及变量的作用域和模块的创建和导入。

3.1 案例引入及分析

【例3-1】已知多边形各边长度，计算该多边形的面积。

分析：计算多边形的面积可分解为计算若干个三角形的面积，如图3-1所示，假设由a、b、c组成三角形的面积为S1，由c、d、e组成三角形的面积为S2，由e、f、g组成三角形的面积为S3，则总面积S=S1+S2+S3。

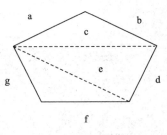

图3-1 五边形的分解

而对于三角形，若已知三条边 x、y 和 z，可用海伦公式来计算面积 Area：

$$\text{Area} = \sqrt{c(c-x)(c-y)(c-z)}, \text{其中} c = \frac{1}{2}(x+y+z)$$

根据上述分析，编程步骤如下。

（1）输入各边的长度。

（2）根据海伦公式，分别求每一个三角形 S1、S2、S3 的面积。

（3）计算多边形的面积 S=S1+S2+S3，并输出。

程序的主要代码如下：

```
1    a = float(input('输入三角形边长 a：'))
2    b = float(input('输入三角形边长 b：'))
3    c = float(input('输入三角形边长 c：'))
4    d = float(input('输入三角形边长 d：'))
5    e = float(input('输入三角形边长 e：'))
6    f = float(input('输入三角形边长 f：'))
7    g = float(input('输入三角形边长 g：'))
8    # 计算半周长
9    c1 = (a + b + c) / 2
10   # 计算面积
11   s1 = (c1*(c1-a)*(c1-b)*(c1-c)) ** 0.5
12   # 计算半周长
13   c2 = (c + d + e) / 2
14   # 计算面积
15   s2 = (c2*(c2-c)*(c2-d)*(c2-e)) ** 0.5
16   # 计算半周长
17   c3 = (e + f + g)/ 2
18   # 计算面积
19   s3 = (c3*(c3-e)*(c3-f)*(c3-g)) ** 0.5
20   s=s1+s2+s3
21   print('三角形面积为 %0.2f' %s)
```

通过观察上面的代码，发现有 3 组功能相同（计算三角形面积）、代码相似（唯一不同的是三角形的边长不同）的语句块。如果此题不是 5 边形，而是 6 边形、7 边形……，则多边形分解成的三角形会更多，求面积时相似的语句也会出现多组。我们能不能对这个功能进行自定义，然后在程序中多次调用这个功能呢？答案是肯定的，这就是本章的学习重点——函数。

3.2 函数

函数是对程序逻辑进行结构化或过程化的一种编程方法，就是将完成一定功能的代码段组合在一起。使用函数可以简化程序设计，使程序的结构更加清晰，同时还可以提高编程效率和程序的可读性、重用性。Python 提供了许多内建函数，比如 print()。本节主要介绍函数的创建、使用，或者引用函数的方法。

3.2.1 函数的定义

在 Python 中,定义一个函数通常要使用以下的语句:
```
def functionName(par1, par2, …):
    indented block of statements
    return expression
```
在自定义函数时,需要遵循以下规则。

(1)函数代码块以 def 关键字开头,后接函数名和圆括号 "()"。

(2)圆括号里用于定义参数,即形式参数,简称形参。对于有多个参数的,参数之间用逗号 ","隔开。

(3)圆括号后边必须要加冒号 ":"。

(4)在缩进块中编写函数体。

(5)函数的返回值用 return 语句。

需要注意的是,一个函数体中可以有多条 return 语句。在这种情况下,一旦执行第一条 return 语句,该函数将立即终止。如果没有 return 语句,函数执行完毕后返回结果为 None(注:C 语言为 void)。

在某些程序设计语言(如 C 语言)里,函数的声明和函数的定义是有区别的。一个函数声明包括函数的名字和函数各参数的名字,但不必给出函数中的任何代码;给出函数具体代码的程序段将被视为是函数的定义部分。这样通常是因为函数定义与函数声明分别放在程序代码中不同的地点。而 Python 语言对函数的声明和函数的定义是不加区别的,一个函数子句是由声明性质的标题行和紧跟在其后面的定义部分构成的。

下面的代码定义了一个空函数。
```
1    def nothing():
2        pass
```
其中 pass 语句的作用是占位符,对于还不确定怎么写的函数,可以先写一个 pass,保证代码能运行。

【例 3-2】将例 3-1 中求解三角形面积的功能采用函数的方式实现。

分析:我们可以自定义一个函数,函数名为 area 函数,该函数能根据三角形的三条边长计算出面积的值。函数的参数需要有 3 个,含义是三条边长,分别用 a、b、c 表示;函数需要有返回值,可用 return 语句将面积的值返回。具体代码如下:
```
1    def area(a, b, c):
2        s = 0
3        # 计算半周长
4        c1 = (a + b + c) / 2
5        # 计算面积
6        s = (c1*(c1-a)*(c1-b)*(c1-c)) ** 0.5
7        return s
```

3.2.2 函数的调用

Python 内置了很多实用的函数,我们可以直接调用。要调用一个函数,需要知道函数的名称和参数。例如求最大值的函数 max,该函数需要的参数个数必须大于等于 1 个。

【例3-3】调用 max 函数：
```
>>> max([4,8])
8
>>> max([1,9,3])
9
>>> max([5])
5
```
调用函数的时候，如果传入的参数数量不对，会报 ValueError 的错误，并且 Python 会给出错误信息，即 max()的参数是一个空序列：
```
>>> max([])
Traceback (most recent call last):
  File "<stdin>", line 1, in <module>
ValueError: max() arg is an empty sequence
```
如果传入的参数数量正确，但是参数类型不正确，会报 NameError 的错误，并且给出错误信息，即"a"没有定义：
```
>>> max([1,a])
Traceback (most recent call last):
  File "<stdin>", line 1, in <modul
NameError: name 'a' is not defined
```
Python 除了可以调用内置的函数外，也可以调用自定义的函数，在调用该函数时，需正确输入函数的参数个数和类型。

【例3-4】采用函数的方式完整实现例3-1。
```
1    def area(a, b, c):
2        s = 0
3        # 计算半周长
4        c1 = (a + b + c) / 2
5         # 计算面积
6        s = (c1*(c1-a)*(c1-b)*(c1-c)) ** 0.5
7        return s
8
9    a = float(input('输入三角形边长 a: '))
10   b = float(input('输入三角形边长 b: '))
11   c = float(input('输入三角形边长 c: '))
12   d = float(input('输入三角形边长 d: '))
13   e = float(input('输入三角形边长 e: '))
14   f = float(input('输入三角形边长 f: '))
15   g = float(input('输入三角形边长 g: '))
16
17   s1=area(a,b,c)
18   s2=area(c,d,e)
19   s3=area(e,f,g)
20   s=s1+s2+s3
21   print('三角形面积为 %0.2f' %s)
```
在调用函数时，如代码中的 19 行，其中的 e、f、g 称为实际参数，简称实参。

3.2.3 函数的参数

定义 Python 函数的时候，就已经确定了函数的名字和位置。当我们调用函数的时候，只需要知道如何正确地传递参数以及函数的返回值,而函数内部的代码块具体是怎么实现功能的,调用函数者不必了解。

Python 的函数定义很简单却很灵活,尤其是参数。除了函数的必选参数外,还有默认参数、可选参数和关键字参数,使得函数定义出来的接口,不但能处理复杂的参数,还可以简化调用者的代码。

1. 默认参数

【例 3-5】计算 x^n。

我们可以定义 power(x, n)函数来计算 x^n。具体代码如下:

```
1    def power(x, n):
2        s = 1
3        while n > 0:
4            n = n - 1
5            s = s * x
6        print('result is', s)
7        return s
```

函数定义完成后,该函数可计算任何符合条件的幂函数,调用该函数计算 4^3,即 power(4,3),结果为:

```
result is 64
```

若调用该函数时写成 power(6),系统会给出如下输入错误提示:

```
TypeError: power() takes exactly 2 arguments (1 given)
```

由于计算平方比较普遍,我们可以把第二个参数即 n 的值设为默认值 2,这样函数就变成下面这种形式:

```
1    def power(x, n=2):
2        s = 1
3        while n > 0:
4            n = n - 1
5            s = s * x
6        print('result is', s)
7        return s
```

在这种情况下,再次调用 power(6),函数会自动将 n 的值赋为 2,此时 2 即是该函数的默认参数,相当于调用 power(6,2),计算结果如下:

```
result is 36
```

而对于 n > 2 的情况,需要明确给出 n 的值。

通过上面的例子可以看出,函数的默认参数可以简化函数的调用,优点就是能降低调用函数的难度。只需定义一个函数,即可实现对该函数的多次调用。

在设置默认参数时,需要注意以下几点。

(1)一个函数的默认参数,仅仅在该函数定义的时候,被赋值一次。

(2)默认参数的位置必须在必选参数的后面,否则 Python 的解释器会报语法错误。错误为 SyntaxError: non-default argument follows default argument。

(3)在设置默认参数时,变化大的参数位置靠前,变化小的参数位置靠后,变化小的参数就可作为默认参数。

(4)默认参数一定要用不可变对象,如果是可变对象,程序运行会有逻辑错误。

2. 可变参数

在 Python 函数中，还可以定义可变参数。可变参数的含义就是传入的参数个数是可变的，可以是任意个，例如 1 个、2 个或 3 个等。

我们以数学题为例，给定一组数字 a，b，c…，请计算 a + b + c + …。要定义这个函数，我们必须要确定输入的参数，但是该题中参数个数不确定。所以，我们想到的解决办法就是可以把 a，b，c… 作为一个 list（列表）或 tuple（元组）传进来。

【例 3-6】计算 a + b + c + …。

我们可以利用 list 或 tuple 来定义一个 calc(numbers)函数，具体代码如下：

```
1    def calc(numbers):
2        s = 0
3        for n in numbers:
4            s = s + n
5        print('result is', s)
6        return s
```

在该函数中，参数 numers 接收到的是一个 tuple，因此函数的代码完全不变，但是调用该函数时，可以传入任意个参数。例如我们分别调用该函数如下：

```
calc([1, 3, 4])
calc([1, 2, 5, 7])
calc([])
```

其运行结果为：

```
result is 8
result is 15
result is 0
```

同时，Python 允许我们在定义的 lsit 或 tuple 前面加一个*号，把 list 或 tuple 的元素变成可变参数传进去，则函数定义变为 def calc(*numbers)，但是函数代码块不变，函数整体如下：

```
1    def calc(*numbers):
2        s = 0
3        for n in numbers:
4            s = s + n
5        print('result is', s)
6        return s
```

这样在利用可变参数后，调用该函数的时候可以简写如下：

```
calc(1, 3, 4)
calc(1, 2, 5, 7)
calc()
```

其运行结果为：

```
result is 8
result is 15
result is 0
```

3. 关键字参数

Python 函数中的关键字参数允许我们传入 0 个或任意个含参数名的参数，这些关键字参数在函数内部自动组装为一个 dict（字典）。关键字参数的作用是可以扩展函数的功能，我们保证能接收到必选参数，但是也可以收到其他参数。在 Python 中，使用**来表示关键字参数。

【例 3-7】定义一个函数，输出学生信息。

定义一个 student(name, age, **other)，具体代码如下：

```
1    def student(name, age, **other):
2        print('name:', name, 'age:', age, 'other:', other)
```

定义的该函数除了必选参数 name 和 age 外，还可以接收关键字参数 other。在调用该函数时，可以只传入必选参数，例如：

student('XiaoMing', 20)

其运行结果如下：

name: XiaoMing age: 20 other: {}

同时也可传入任意个数的关键字参数，例如：

student('XiaoMing', 20, sex = 'M')
student('XiaoMing', 20, sex = 'M', num = '120153703')

其运行结果如下：

name: XiaoMing age: 20 other: {'sex': 'M'}
name: XiaoMing age: 20 other: {'num': '120153703', 'sex': 'M'}

4. 参数组合

在 Python 中定义函数时，必选参数、默认参数、可变参数和关键字参数都可以一起使用，或是使用其中某些参数。需要注意的是，参数定义的顺序必须是：必选参数、默认参数、可变参数和关键字参数。

3.2.4 函数的嵌套

嵌套函数的意思就是函数里套函数，即在一个函数里边，再定义一个函数。像这样定义在其他函数内的函数叫作内部函数，内部函数所在的函数叫作外部函数。下面举例进行说明。

【例 3-8】函数嵌套的例子，具体代码如下：

```
1    def A(a):
2        print('This is A')
3        def B(b):
4            print('This is B')
5            print('a + b =',a + b)
6        B(3)
7        print('OVER!')
```

上述代码定义了一个函数 A(a)，在该函数内部，又定义了一个函数 B(b)。若调用函数 A(a)，将参数设为 5，即为 A(5)，则运行结果如下：

This is A
This is B
a + b = 8
OVER!

3.2.5 函数的递归调用

递归过程是指函数直接或间接调用自身完成某任务的过程。递归分为两类：直接递归和间接递归。直接递归就是在函数中直接调用函数自身；间接递归就是间接地调用一个函数，如第一个函数调用另一个函数，而该函数又调用了第一个函数。

【例 3-9】求 fac(n)=n!的值。

根据求 n! 的定义可知 n! =n*(n-1)!，可写成如下形式：

$$fac(n)=\begin{cases}1 & n=1\\ n*fac(n-1) & n>1\end{cases}$$

则求 fac(n)函数的代码是：

```
1   def fac(n):
2       if n<=1:
3           return 1
4       else:
5           return n*fac(n-1)
6   print(fac(4))
```

让我们来跟踪这个程序的计算过程，令 n=4 调用这个函数：

（1）fac(4)=4*fac(3)　　　　n=4 调用函数过程 fac(3)
（2）fac(3)=3*fac(2)　　　　n=3 调用函数过程 fac(2)
（3）fac(2)=2*fac(1)　　　　n=2 调用函数过程 fac(1)
（4）fac(1)=1　　　　　　　　n=1 求得 fac(1)的值
（5）fac(2)=2*1=2　　　　　　回归，n=2，求得 fac(2)的值
（6）fac(3)=3*2=6　　　　　　回归，n=3，求得 fac(3)的值
（7）fac(4)=4*6=24　　　　　 回归，n=4，求得 fac(4)的值

上面第（1）步到第（4）步，求出 fac(1)=1 的步骤称为递推，从第（4）步到第（7）步求出 fac(4)=4*6 的步骤称为回归。

从这个例子可以看出，递归求解有以下 2 个条件。

（1）给出递归终止的条件和相应的状态。本例中递归终止的条件是 n=1，状态是 fac(1)=1。

（2）给出递归的表述形式，并且要向着终止条件变化，在有限步骤内达到终止条件。在本例中，当 n>1 时，给出递归的表述形式为 fac(n)=fac(n-1)*n。函数值 fac(n)用函数 fac(n-1)来表示。参数的值向减少的方向变化，在第 n 步出现终止条件 n=1。

3.3　变量的作用域

在 Python 函数中也可以定义变量，在函数中定义的变量称为局部变量。局部变量只在定义它的函数内部有效，在函数体之外，即使使用相同名字的变量，也会被看作是另一个变量。与之相对的，在函数体之外定义的变量称为全局变量，全局变量在定义之后的代码中都有效，包括全局变量之后定义的函数体内。如果局部变量和全局变量重名，则在定义局部变量的函数中，只有局部变量是有效的。在例 3-4 的代码中，area 函数定义中的形式参数 a、b、c 都是局部变量，作用范围仅仅在 area 的函数体中有效；而代码行 9~11 中出现的 a、b、c 是全局变量，作用范围是从定义位置开始到程序结束，此 a、b、c 非彼 a、b、c。

【例 3-10】局部变量和全局变量作用域的例子，具体代码如下：

```
1   a = 20
2   def setNumber():
3       a = 55
4       b = 12
5       print (a)
6       a=a+1
7       print (a)
```

```
8       print (b)
9   setNumber()
10  print (a)
11  print (b)
```

在该程序中,第 1 行定义的变量 a 为全局变量,在整个程序中都有效。第 3 行定义的变量 a 是在函数 setNumber()中进行定义的,和第 1 行中的全局变量 a 重名,在 setNumber 函数体内部是看不见第 1 行的全局变量 a 的。因此在 setNumber()函数中,第 6 行修改变量 a 的值,只是修改了局部变量的值,并不影响全局变量 a 的值,在第 10 行输出 a 的值,仍是全局变量 a 的值。第 4 行定义的变量 b 是局部变量,只在 setNumber 函数体内有效,所以在 11 行要输出 b 的值,程序会出错。

程序的运行结果为:
```
55
56
12
20
Traceback (most recent call last):
  File "F:\python\test.py", line 11, in <module>
    print (b)
NameError: name 'b' is not defined
```

3.4 模块

为了编写可维护的代码,我们把很多函数分组,分别放到不同的文件里,这样,每个文件包含的代码就相对较少,很多编程语言都采用这种组织代码的方式。在 Python 中,一个.py 文件就称之为一个模块(Module)。

使用模块最大的好处就是大大提高了代码的可维护性。当一个模块编写完毕,便可以在其他地方被引用。同时,我们在写程序的时候,也经常引用其他模块。而且,使用模块还可以避免函数名和变量名冲突。相同名字的函数和变量完全可以分别存在不同的模块中,因此,我们自己在编写模块时,不必考虑名字会与其他模块冲突。但是也要注意,尽量不要与内置函数名字冲突。

3.4.1 导入和创建模块

(1)模块的导入

在 C 语言中如果要引用 sqrt()这个函数,必须用语句"#include<math.h>"引入 math.h 这个头文件,否则是无法正常调用 sqrt 函数的。在 Python 中,如果要引用一些内置的函数,需要使用关键字 import 来引入某个模块。import 语句的格式如下:

```
import module1[, module2[,… moduleN]
```

例如:引用模块 math,就需要在文件最开始的地方用 import math 来引入。

在调用 math 模块中的函数时,必须这样引用:模块名.函数名。

为什么必须加上模块名这样调用呢?因为可能存在这样一种情况:在多个模块中含有相同名称的函数,此时如果只是通过函数名来调用,解释器无法知道到底要调用哪个函数。所以如果像上述这样引入模块的时候,调用函数必须加上模块名。

```
1   import math
2
3   print(sqrt(4))
```

```
4       #这样会报错
5
6       print(math.sqrt(4))
7       #这样才能正常输出结果,结果为2.0
```

有时候如果需要用到模块中的某个函数,只需要引入该函数即可,此时可以通过 from…import 语句,其格式如下:

```
from modname import name1[, name2[,… nameN]]
```

通过这种方式引入的时候,调用函数时只能给出函数名,不能给出模块名,但是当两个模块中含有相同名称函数的时候,后面的一次引入会覆盖前一次引入。也就是说假如模块 A 中有函数 function( ),在模块 B 中也有函数 function( ),如果引入 A 中的 function 在先,B 中的 function 在后,那么当调用 function 函数的时候,是去执行模块 B 中的 function 函数。

如果想一次性引入 math 中所有的东西,还可以通过 from math import *来实现,但是不建议这么做。只在下面两种情况下建议使用:

① 目标模块中的属性非常多,反复敲入模块名很不方便。
② 在交互式解释器中,这样可以少敲键盘。

(2)创建模块

在 Python 中,每个 Python 文件都可以作为一个模块,模块的名字就是文件的名字。例如有这样一个文件 test.py,在 test.py 中定义了函数 add:

```
1       def add(a,b):
2           return a+b
```

这样在其他文件中就可以先输入 import test,然后通过 test.add(a,b)来调用了,例如在 test1.py 中,有如下代码:

```
1       import test
2       print(test.add(3,4))
```

运行程序输出结果 7。

当然也可以通过 from test import add 来引入。

```
1       from test import add
2       print(add(3,4))
```

那么引入模块有什么作用呢?先看一个例子,在文件 test.py 中的代码:

```
1       #test.py
2
3       def display():
4           print ("hello world")
5       display()
```

在 test1.py 中引入模块 test:

```
1       #test1.py
2
3       import test
```

然后运行 test1.py,会输出"hello world"。也就是说在用 import 引入模块时,会将引入的模块文件中的代码执行一次。但是注意,只在第一次引入时才会执行模块文件中的代码,因为只在第一次引入时进行加载,这样做很容易理解,不仅可以节约时间,还可以节约内存。

一个模块被另一个程序第一次引入时,其主程序将运行。如果想在模块被引入时,模块中的某一程序块不执行,可以用__name__属性来使该程序块仅在该模块自身运行时执行。例如:

```
#!/usr/bin/python3
# Filename: test.py
if __name__ == '__main__':
    print('程序自身在运行')
else:
    print('我是被引入')

>>> import using_name
我是被引入
```

3.4.2 模块包

包（Packages）用来组织模块的一个目录。

为了让 Python 把这个目录当作包，目录中的__init__.py 文件是必须要有的，这个文件可以直接是一个空文件，但也可以为包执行初始化语句或设置__all__变量。

使用语句 import PackageA.SubPackageA.ModuleA 可以从包中导入单独的模块，使用时必须用全路径名。也可以使用它的变形语句: from PackageA.SubPackageA import ModuleA，可以直接使用模块名而不用加上包前缀。也可以直接导入模块中的函数或变量：from PackageA.SubPackageA.ModuleA import functionA。

import 语句语法如下。

（1）当使用 from package import item 时，item 可以是 package 的子模块或子包，或是其他定义在包中的名字（比如一个函数、类或变量）。

首先检查 item 是否定义在包中，如果没找到，就认为 item 是一个模块并尝试加载它，失败时会抛出一个 ImportError 异常。

（2）当使用 import item.subitem.subsubitem 语法时，最后一个 item 之前的 item 必须是包，最后一个 item 可以是一个模块或包，但不能是类、函数和变量。

（3）当使用 from pacakge import *时，如果包的__init__.py 定义了一个名为__all__的列表变量，它包含的模块名字的列表将作为被导入的模块列表；如果没有定义__all__，这条语句不会导入所有的 package 的子模块，它只保证包 package 被导入，然后导入定义在包中的所有名字。

3.5 编程实践

【例 3-11】查找问题。

在数组中进行查找是数组经常用到的一种操作。根据数组的不同特点，查找的方法也很多，这些方法各有利弊。本例介绍两种最常用的查找方法，对更多的查找方法，有兴趣的读者可以查阅数据结构方面的资料。

（1）顺序查找

从第一个元素开始逐一比较，直到末尾。

算法：一列数放在无序的数组 a[1]…a[n]中，待查找的数放在 x 中，把 x 与 a 数组中的元素从头到尾一一进行比较查找。用变量 pos 表示 a 数组元素下标，pos 初值为 0，使 x 与 a[pos]比较，如果 x 不等于 a[pos]，则使 p=p+1，不断重复这个过程；一旦 x 等于 a[pos]则退出循环；另外，如果 pos 大于数组长度，循环也应该停止。

以下代码中的布尔变量 found 初始值为 False，如果找到就被赋值 True。函数返回值是布尔值。

```
1   a=[1, 2, 3, 4, 5, 6, 8, 20, 24, 31, 35]
2   x=24
3   def sequentialSearch(a,n):
4       pos = 0
5       found = False
6       while pos < len(a) and not found:
7           if a[pos] == n:
8               found = True
9           else:
10              pos=pos+1
11      return found
12
13  print(sequentialSearch(a, x))
```

上述代码的输出结果如下：

True

如果将第 2 行中 x 的值改为 25，则输出结果如下：

False

分析上面的程序，如果数据项不在列表里，唯一的判定办法就是把全部项逐个比较一番。如果表中有 n 个数据，顺序查找就需要 n 次比较。但是分析没有这么简单，有三种情形可能发生：最好的情况下，第一个项就是我们要找的，只有 1 次比较；最差的情况下，需要 n 次比较，全部比较过之后才知道找不到；在平均情况下，会发现是列表的一半，即平均要比较 n/2 次。

假如表中数据项以某种方式排序了，怎样来快速查找呢？下面来介绍折半查找，也就是二分法查找。

（2）折半查找

算法：设 n 个有序数（从小到大）存放在数组 a[1]…a[n]中，要查找的数为 x。用变量 low、high、middle 分别表示查找数据范围的底部(数组下界)、顶部(数组的上界)和中间，middle=(low+high)//2，折半查找的算法如下：

① x=a[middle]，则已找到退出循环，否则进行下面的判断；

② x<a[middle]，x 必定落在 low 和 middle -1 的范围之内，即 high= middle -1；

③ x>a[middle]，x 必定落在 middle +1 和 high 的范围之内，即 low= middle +1；

④ 在确定了新的查找范围后，重复进行以上比较，直到找到或者 low<=high。

将上面的算法写成如下函数，若找到则返回该数所在的下标值，没找到则返回-1。

```
1   a=[1, 2, 3, 4, 5, 6, 8, 20, 24, 31, 35]
2   x=24
3   def binary_Search(a,n):
4       low = 0
5       high = len(a)-1
6       while low <= high:
7           middle = (low+high)//2
8           if a[middle] == n:
9               print('find it')
10              return middle+1
11          elif a[middle] < n:
12              low = middle + 1
13          else:
```

```
14            high = middle - 1
15     print('find failed')
16     return -1
17 print(binary_Search(a,x))
```

上述代码的输出结果如下:

```
find failed
-1
```

如果将第 2 行改为 x=24，则代码的输出结果如下:

```
find it
9
```

【例 3-12】数组元素的排序。排序是将一组数据按照递增或递减的次序排列，排序有几种经典算法：选择法排序、冒泡法排序、比较法排序等，下面主要介绍选择法和冒泡法排序。

（1）选择法排序

算法：

① 对有 n 个数的序列（存放在数组 a[n]中），从中选出最小的数，与第 1 个数交换位置；

② 除第 1 个数外，在其余 n-1 个数中选最小的数，与第 2 个数交换位置；

③ 依次类推，选择了 n-1 次后，这个数列已按升序排列。

主要代码如下:

```
1   a = [0,70,20,10,30,40,50]
2   def selection_sort(a):
3       for i in range(0, len(a)):
4           min = i
5           for j in range(i + 1, len(a)):
6               if a[j] < a[min]:
7                   min = j
8           temp=a[i]
9           a[i]=a[min]
10          a[min]=temp
11
12  selection_sort(a)
13  print('The sorted list is:',a)
```

（2）冒泡法排序

算法：

① 从最后一个数开始，与相邻的数比较，若小于该数，则交换位置。一轮排序后，最小数换到了最前面（即小数往上冒，大数往下沉）；

② 除第一个数外，其他 n-1 个数按步骤 1 的方法使次小的数冒出；

③ 重复步骤①n-1 遍，最后构成递增序列。

程序代码如下:

```
1   a = [21,44,2,45,33,4,3,67]
2   def bubble(l):
3       flag = True
4       for i in range(len(l)-1, 0, -1):
5           if flag:
6               flag = False
7               for j in range(i):
8                   if l[j] > l[j + 1]:
9                       l[j], l[j+1] = l[j+1], l[j]
10                      flag = True
```

```
11          else:
12              break
13      print(l)
14
15  bubble(a)
```

【例 3-13】用插入排序法,将一新数据插入一有序表中,使该有序表成为一个新的、数据增加的有序表。

算法:先找出 key 应在数组中的位置 i,然后从最后一个数开始共 n-i 个数据依次后移,直到位置 i 空出,将数据 key 放入数组中相应位置上,一个数据的插入就此完成。

主要代码如下:

```
1   l = [0,10,20,30,40,50]
2   print( 'The sorted list is:',l)
3   n = len(l)
4   key = int(input('Input a number:'))
5   l.append(key)
6
7   def insert_array(l,key):
8       for i in range(n):
9           if key<l[i]:
10              for j in range(n,i,-1):
11                  l[j] = l[j-1]
12              l[i] = key
13              break
14
15  insert_array(l,key)
16  print('The sorted list is:',l)
```

程序运行的结果如下:

```
The sorted list is: [0, 10, 20, 30, 40, 50]
Input a number:15
The sorted list is: [0, 10, 15, 20, 30, 40, 50]
```

【例 3-14】打印出所有的"水仙花数",所谓"水仙花数"是指一个三位数,其各位数字立方和等于该数本身。例如:153 是一个"水仙花数",因为 $153=1^3 + 5^3 + 3^3$。

主要代码如下:

```
1   def shui(n):
2       a = n%10
3       b = n//100
4       c = (int(n/10))%10
5       if n == a**3+b**3+c**3:
6           return 1
7       else:
8           return 0
9   for i in range(100,999):
10      if shui(i)==1:
11          print(i)
```

上述代码中,函数 shui 用于判断 n 是否是水仙花,如果是,返回 1;否则返回 0。

【例 3-15】已知有五位朋友在一起。第 5 位朋友说自己比第 4 个人大 2 岁;问第 4 个人岁数,他说比第 3 个人大 2 岁;问第 3 个人,又说比第 2 人大 2 岁;问第 2 个人,说比第 1 个人大 2 岁;最后问第 1 个人,他说是 10 岁。求第 5 个人的年龄是多少?

解题思路:此题利用递归的方法来解决。要想知道第 5 个人岁数,需知道第 4 人的岁数,依次类推，推到第 1 个人是 10 岁。这样再往回推。

程序代码如下：

```
1    #!/usr/bin/python
2    # -*- coding: UTF-8 -*-
3    
4    def age(n):
5        if n == 1: c = 10
6        else: c = age(n - 1) + 2
7        return c
8    print age(5)
```

3.6 习题

1. 选择题

（1）以下不能创建一个字典的语句是（　　）。

　　A. dict1 = {}　　　　　　　　　　　　B. dict2 = { 3 : 5 }

　　C. dict3 = {[1,2,3]: "uestc"}　　　　D. dict4 = {(1,2,3): "uestc"}

（2）Python 不支持的数据类型有（　　）。

　　A. char　　　　　B. int　　　　　C. float　　　　　D. list

（3）执行下列语句后的显示结果是（　　）。

```
>>> from math import sqrt
>>> print sqrt(3)*sqrt(3) == 3
```

　　A. 3　　　　　B. True　　　　　C. False　　　　　D. sqrt(3)*sqrt(3) == 3

（4）设 s = "Happy New Year"，则 s[3:8]的值为（　　）。

　　A. 'ppy Ne'　　　B. 'py Ne'　　　C. 'ppy N'　　　D. 'py New'

（5）有定义 def power(x, n=2)，则下列调用不正确的是（　　）。

　　A. power(6)　　　B. power(6,2)　　　C. power(6,3)　　　D. power

2. 填空题

（1）请写出下面程序的运行结果_____。

```
a=10
b=30
def func(a,b):
    a=a+b
    return a
b=func(a,b)
print(a,b)
```

（2）给出 range(1,10,3)的值_____。

（3）每一个用标识符定义的变量都有一个有效范围，这个范围称为变量的_____。

（4）函数直接或间接调用自身完成某任务，称为函数的_____。

（5）函数代码块以关键字_____开头，函数若有返回值时需用关键字_____返回。

（6）模块导入时需用关键字_____进行导入。

（7）在 Python 程序中，局部变量会_____同名的全局变量。

3．编程题

（1）给一个不多于 5 位的正整数，要求：①求它是几位数；②逆序打印出各位数字。

（2）利用递归函数调用方式，将所输入的 5 个字符，以相反顺序打印出来。

（3）判断一个数是否是素数。

（4）完成一个名为 getfactors() 的函数。它接受一个整数作为参数，返回它所有约数的列表，包括 1 和它本身。

（5）一个数如果恰好等于它的因子之和，这个数就称为"完数"。例如 6=1 + 2 + 3。

（6）定义 is_Even 函数，传一 int 参数，判断是否是偶数，若是，return True；不是，return False。

（7）定义 is_Int 函数，传一 float 参数，判断是否是整数（如 1.0 即整数），若是，return True；不是，return False。

（8）定义 digital_sum 函数，传一 int 参数，return 其所有位数的数字相加的和；如：1234 返回 10(1+2+3+4)；900 返回 9 (9+0+0)。

（9）定义 factorial 函数，传一 int 参数，return 其所有位数数字相乘的积；如：1234 返回 24 (1*2*3*4)；909 返回 0 (9*0*9)。

第4章 面向对象编程

本章重点
- 面向对象程序设计的概念
- 如何定义与使用类
- 类的属性与方法
- 构造函数与析构函数
- 类的继承
- 类中方法与运算符的重载

本章难点
- 类的"伪私有"属性和方法
- 访问控制
- 类的继承
- 模块中的类

Python 是一门面向对象的编程语言（与 SmallTalk、C++、Java 等语言一样），Python 支持面向对象的程序设计，本章将介绍如何编写面向对象编程（OOP）的 Python 程序。

4.1 面向对象基础

面向对象编程（Object Oriented Programming，OOP）是一种全新的编程理念，目前已经渐渐成为主流的编程方法，使用面向对象编程能够大幅度提高程序的复用率，降低后期的维护成本，提高软件的可靠性和可伸缩性。

4.1.1 面向过程与面向对象

早期的计算机编程是面向过程的，例如 C 语言就是面向过程的语言，编程时首先分析出解决问题所需要的步骤，然后用函数把这些步骤一步一步实现，使用的时候依次调用这些函数即可。以"五子棋"程序为例，面向过程的设计思路就是首先分析问题的步骤：①开始游戏；②黑子先走；③绘制画面；④判断输赢；⑤轮到白子；⑥绘制画面；⑦判断输赢；⑧返回步骤②；⑨输出最后结果。

面向对象的编程思想把构成问题的事务分解成各个对象，这些对象没有先后的顺序，它们共同作用构成了整个系统。只要用代码设计出这几个类型的对象，然后让它们互相通信、传递消息就可以完成系统的功能。仍以"五子棋"程序为例，整个系统可以划分为 3 类对象：①玩家对象，即黑白双方；②棋盘对象，负责绘制画面；③规则系统，负责判定诸如犯规、输赢等。第一类对象负责接受用户输入，并告知第二类对象棋子布局的变化，棋盘对象接收到了棋子的变化就要负责在屏幕上面显示出这种变化，同时利用第三类对象来对棋局进行判定。

面向对象是以功能来划分问题，而不是步骤。使用面向对象程序设计的优点如下。

（1）符合人们习惯的思维方法，便于分解大型的复杂多变的问题。由于对象对应现实世界中的实体，因而可以很自然地按照现实世界中处理实体的方法来处理对象，软件开发者可以很方便地与问题提出者进行沟通和交流。

（2）易于软件的维护和功能的增减。对象的封装性及对象之间的松散组合，都给软件的修改和维护带来了方便。

例如"五子棋"程序中要加入悔棋的功能，如果要改动面向过程的设计，那么从输入→判断→显示这一连串的步骤都要改动，甚至步骤之间的顺序都要进行大规模调整。如果是面向对象的话，只用改动棋盘对象就行了。棋盘系统保存了黑白双方的棋谱，简单回溯即可，而显示和规则判断则不用顾及，同时整个对象功能的调用顺序都没有变化，改动只是局部的。

（3）可重用性好。重复使用一个类（类是对象的定义，对象是类的实例化），可以比较方便地构造出软件系统，加上继承的方式，极大地提高了软件开发的效率。

（4）与可视化技术相结合，改善了工作界面。随着基于图形界面操作系统的流行，面向对象的程序设计方法也深入人心。它与可视化技术相结合，使人机界面进入 GUI 时代。

4.1.2 面向对象基本概念

面向对象设计是一种把面向对象的思想应用于软件开发过程中，指导开发活动的系统方法，是建立在"对象"概念基础上的方法学。所谓面向对象就是基于对象概念，以对象为中心，以类和继承为构造机制，来认识、理解、刻画客观世界和设计、构建相应的软件系统。

1. 面向对象基本概念

（1）对象：现实世界中，对象（Object）是状态（属性）和行为的结合体。现实世界中，对象随处可见。一辆自行车，一只小狗，一名学生，他们都可视为对象。对象普遍具有的特征是：状态和行为。小狗有状态（名字、颜色、品种）和行为（叫唤、撒欢、吃食），自行车有状态（变速器、脚蹬、车轮、刹车器）和行为（加速、刹车、换挡）。在开发软件的信息世界中，对象定义为相关数据和方法的集合。

（2）类：类是对象的模板。即类是对一组有相同数据和相同操作的对象的定义，一个类所包含的方法和数据描述一组对象的共同属性和行为。例如，自行车类定义了自行车必须有的状态和行为：变速器、脚蹬、车轮、刹车器、如何加速、如何刹车、如何换挡等。通过类可以生成一个有特定状态和方法的实例，这就是实例对象。

（3）消息：单独一个对象功能是有限的，多个对象联系在一起才会有更多、更强、更完整的功能。OOP 使用消息传递机制来联系对象，消息传递是对象之间进行交互的主要方式。一般它由三部分组成：接收消息的对象、消息名及零或多个参数。

2. 面向对象主要特征

（1）封装性：封装就是将相关数据和方法放在一个包里，其作用是把类设计成一个黑箱，使用户只能看见类具有的公共方法，看不到方法实现的细节，也不能直接对类的数据进行操作，迫使用户通过接口访问数据。封装是 OOP 设计中追求的理想境界，可为开发人员带来两个好处：模块化和数据隐藏。模块化意味着对象源代码的编写和维护可以独立进行，不会影响到其他模块，而且有很好的重用性。数据隐藏则使对象有能力保护自己，对象提供一个公共接口与其他对象联系，自行维护自身的数据和方法而不影响所有依赖于它的对象。封装性有效提高了程序的安全性与维护性。

（2）继承性：OOP 允许由一个类定义另外一个类。例如，山地车、赛车都属于自行车类，它们是自行车类的子类，换句话说，自行车类是它们的父类或者称为超类。子类继承了父类的状态和行为，也可以添加新的变量和方法，有自己的新特点。子类还可以覆盖继承下来的方法，实现特殊要求。例如，你可以为山地车增加一个减速装置，并覆盖变速方法以便使用减速装置。

继承分为单继承（一个子类只有一父类）和多重继承（一个类有多个父类）。继承使父类的代码得到重用，在继承父类提供的共同特性的基础上添加新的代码，使编程不必都从头开始，有效地提高了编程效率。

（3）多态性：对象根据所接收的消息而做出动作，同一消息为不同的对象接受时可产生完全不同的行为，这种现象称为多态性。利用多态性，用户可发送一个通用的信息，而将所有的实现细节都留给接受消息的对象自行决定。

综上可知，类和继承是适应人们一般思维方式的描述范式。方法是允许作用于该类对象上的各种操作。这种对象、类、消息和方法的程序设计范式的基本点在于对象的封装性和类的继承性。通过封装能将对象的定义和对象的实现分开，通过继承能体现类与类之间的关系，以及由此带来的动态连编和实体的多态性，从而构成了面向对象的基本特征。

4.2 类的定义和使用

采用面向对象编程，程序员需把重点放在创建"类"上。类也称为"程序员自定义类型"，每个类都包含数据和一系列数据处理函数。类的数据组件称为属性或数据成员；类的函数组件称为方法（在其他面向对象的编程语言中，也称为"成员函数"）。本节将介绍类的定义和使用。

4.2.1 类的定义

在 Python 语言里，对类的定义和对函数的定义是很相似的，都是一个带相应的关键字的标题行后面跟着一个作为其定义的子句，函数的定义格式如下：

```
def functionName(args):
    'function documentation string'
    function_suite
```

类的定义格式如下：

```
class ClassName:                          #类名
    'class documentation string'          #类文档字符串
    class_suite                           #类主体
```

创建类要使用 class 关键字，类的名字紧跟其后，再后面是一个冒号（:）。包含关键字 class 和类名的这一行称为"类头"。其中类名遵循与变量一样的命名约定，不过通常类名的首字母需大写，例如：Bike、Animal。"类主体" class_suit 是一个缩进的代码块，其中包含了从属于该类的方法和属性。类通常是在一个模块的最顶层定义的，这样就可以在定义了类的源代码中的任何位置来创建类的实例。

下面是一个最简单的 Python 类。

```
class Animal:
    pass
```

说明：

（1）这个类的名字是 Animal，它没有从其他类得到继承。

（2）这个类没有定义任何的方法或属性，但是使用了一条什么都不做的 pass 语句，pass 是 Python 的保留字，类似 Java、C++语言中的大括号空集{}。

实际上大多数的类都会定义自己的方法和属性，下面是对 Animal 的定义。

【例 4-1】定义一个 Animal 类。

```
1   #创建一个类:
2   class Animal:
3       count = 0
4       legs = []
5       #类的初始化函数
6       def __init__(self,name):
7           self.name = name
8       #创建类中的函数
9       def eat(self):
10          #输出 I can eat
11          print("I can eat")
```

说明：

（1）类定义中出现的 count、legs、name 都是类的数据属性，具体介绍见 4.3.1 节。

（2）类定义中出现的 eat 是类中的函数，具体介绍见 4.3.2 节。

（3）类定义中出现的__init__是该类的初始化函数，当一个对象创建以后，会自动调用__init__，其目的不是为了创建一个对象，而是为了初始化一个对象中的数据。

（4）任何 Python 类方法的第一个参数都是 self，这个参数如同 Java 或 C++中的保留字 this，但是 self 在 Python 中并不是一个保留字，它只是一个命名习惯。在__init__方法中，self 指向新创建的对象；在其他的类方法中，它指向方法被调用的类实例。

4.2.2 类的使用

一旦定义好类，程序就能创建个类的实例。类是抽象的模板，而实例是根据类创建出来的一个个具体的"对象"，每个对象都拥有相同的方法，但各自的数据可能不同。大多数 OOP 语言（例如 Java、C++）在创建某个类的实例时需要使用 new 关键字，但是 Python 语言要简单很多。一旦类被定义好了，创建一个实例时只要调用类，好像它是一个函数，传入定义在__init__方法中的参数，返回值将是新创建的对象。

在 4.2.1 节中 Animal 类创建完成之后，下面的代码首先通过 dog1=Animal("dog")创建一个实例，并且将新创建的实例赋值给变量 dog1；然后通过 dog1.eat()语句来调用 eat 方法，代码如下：

【例 4-2】类的定义及使用。

```
1    #创建一个类:
2    class Animal:
3        count = 0
4        legs = []
5        #类的初始化函数
6        def __init__(self,name):
7            self.name = name
8        #创建类中的函数
9        def eat(self):
10           #输出 I can eat
11           print("I can eat")
12   dog1=Animal('dog')
13   dog1.eat()
```

运行程序后，会输出"I can eat"。

说明：

（1）虽然__init__的定义需要两个参数，但在调用方法时第一个参数无需指定，Python 会自动加上，因此创建对象时实际只传入了一个值'dog'，并将其赋给了 name 变量。

（2）需通过点访问运算符（.）来访问对象的属性和方法。对象名在点的左侧，属性或方法在点的右侧，例如，dog1.eat()表示访问 dog1 的 eat 方法。

4.3 类的属性和方法

4.3.1 类的属性

在上节的 Animal 类中，"count" "legs" "name" 都是该类的数据属性，它们又分为类数据属性和实例数据属性两种。

类数据属性通常都用来保存与类相关联的值，不依赖于任何类实例。实例数据属性是与某个类的实例相关联的数据值，这些值独立于其他实例或类。当一个实例被释放后，它的属性同时也被清除。在大多数情况下，实例数据属性要比类数据属性用得更多一些。

对于类数据属性和实例数据属性，使用方法如下。

（1）类数据属性属于类本身，可以通过类名进行访问/修改。

（2）类数据属性也可以被类的所有实例访问/修改。

（3）在类定义之后，可以通过类名动态添加类数据属性，新增的类数据属性也被类和所有实例共有。

（4）实例数据属性只能通过实例访问。

（5）在实例生成后，还可以动态添加实例数据属性，但是这些实例数据属性只属于该实例。

下面的代码中演示了对类属性 count 的使用方法。

【例 4-3】类的属性及访问。

```
1    #创建一个类:
2    class Animal:
```

```
3          count = 0
4          legs = []
5      #类的初始化函数
6          def __init__(self,name):
7              self.name = name
8      #创建类中的函数
9          def eat(self):
10             #输出 I can eat
11             print("I can eat")
12     print(Animal.count)
13     Animal.count=Animal.count+1
14     print(Animal.count)
```

访问类属性 count 时, 是通过类名 Animal 来访问的: Animal.count。第一次输出 Animal.count 的值是 0, 第二次输出 Animal.count 的值是 1。

注意: 通过一个实例属性来访问一个类属性, 严格说来只能以只读的方式进行, 因此我们只能通过那个类来修改那个属性的值。在前面 Animal 类的基础上 (代码 1~11 行不变), 做如下测试:

```
1   print(Animal.count)
2   Animal.count=Animal.count+1
3   print(Animal.count)
4   cat=Animal("cat")
5   cat.count=cat.count+1
6   print(cat.count)
7   print(Animal.count)
```

输出的 4 个值依次是 0、1、2、1。

上述代码段第 5 行创建了一个新的 count 的实例属性, 覆盖了同名的类属性, 但那个类的属性 count 并没有受到影响, 依然存在于类的范围内, 所以虽然第 5 行有 cat.count 加 1 的操作, 但第 7 行输出 Animal.count 时仍是 1。

对于所有的类, 还有着一组特殊的属性, 如表 4-1 所示, 通过这些属性可以查看类的一些信息。

表 4-1 类的特殊属性

类 属 性	含 义	类 属 性	含 义
__name__	类的名字(字符串)	__dict__	类的属性组成的字典
__doc__	类的文档字符串	__module__	类所属的模块
__bases__	类的所有父类组成的元素	__class__	类对象的类型

【例 4-4】类的特殊属性的使用方法。

```
1   class Animal:
2       '''this is a Animal class'''
3       count = 0
4       legs = []
5       def __init__(self,name):
6           self.name = name
7
8   print('name:',Animal.__name__)
9   print('doc:',Animal.__doc__)
10  print('bases:',Animal.__bases__)
11  print('dict:',Animal.__dict__)
12  print('module:',Animal.__module__)
```

代码输出如下:

```
name: Animal
doc: this is a Animal class
bases: (<class 'object'>,)
dict: {'count': 0, '__weakref__': <attribute '__weakref__' of 'Animal' objects>, 'legs':
[], '__module__': '__main__', '__dict__': <attribute '__dict__' of 'Animal' objects>,
'__doc__': 'this is a Animal class', '__init__': <function Animal.__init__ at 0x02362C00>}
module: __main__
```

说明：

__name__是指定类的字符串名字。

__doc__是类的文档字符串，它类似于函数和模块的文档字符串，必须是标题行下面第一个未赋值字符串。

__bases__涉及类的继承性，它是由类的父类组成的一个表列。

__dict__用于确定一个类里有哪些属性。它返回的是一个字典，其中属性名字是键值，键值是相应属性的数据值。使用 dir()函数也可以确定一个类里有哪些属性，不同于__dict__，dir()返回的是一个对象的属性列表。

Python 语言支持跨模块的类继承关系，所以为了更准确地描述类的特性，从 1.5 版本开始引入了__module__属性，在类的名字前加上它的模块名构成完整授权名。类 Animal 的完整授权名是"__main__.Animal"，也就是"source_module.class_name"的形式。

4.3.2 类的方法

在一个类中，可能出现三种方法：实例方法、类方法和静态方法。

（1）实例方法

实例方法的第一个参数必须是"self"，"self"类似于 C++中的"this"，例如：

【例 4-5】类的方法举例。

```
1    class Animal:
2        '''this is a Animal class'''
3        count = 0
4        legs = []
5        def __init__ (self,name):
6            self.name = name
7        def eat(self):
8            print("I can eat")
9        def printInfo(self):
10           print(self.name+" is an Animal")
11
12   cat = Animal("cat")
13   cat.printInfo()
```

其输出结果为：cat is an Animal。

说明：上述代码中，实例方法 printInfo 只能通过类的实例进行调用，这时候"self"就代表这个类实例本身。通过"self"可以直接访问实例的属性，如 self.name。

（2）类方法

类方法以 cls 作为第一个参数，cls 表示类本身，定义时使用@classmethod 装饰器。通过 cls 可以访问类的相关属性。

【例 4-6】类的方法及访问。

```
1    class Animal:
2        '''this is a Animal class'''
3        count = 0
4        legs = []
5        def __init__(self,name):
6            self.name = name
7
8        @classmethod
9        def printClassInfo(cls):
10           print(cls.__name__)
11           print(dir(cls))
12
13   Animal.printClassInfo()
14   cat = Animal("cat")
15   cat.printClassInfo()
```

代码的输出如下：
```
Animal
['__class__', '__delattr__', '__dict__', '__dir__', '__doc__', '__eq__', '__format__',
'__ge__', '__getattribute__', '__gt__', '__hash__', '__init__', '__le__', '__lt__',
'__module__', '__ne__', '__new__', '__reduce__', '__reduce_ex__', '__repr__',
'__setattr__', '__sizeof__', '__str__', '__subclasshook__', '__weakref__', 'count',
'legs', 'printClassInfo']
Animal
['__class__', '__delattr__', '__dict__', '__dir__', '__doc__', '__eq__', '__format__',
'__ge__', '__getattribute__', '__gt__', '__hash__', '__init__', '__le__', '__lt__',
'__module__', '__ne__', '__new__', '__reduce__', '__reduce_ex__', '__repr__',
'__setattr__', '__sizeof__', '__str__', '__subclasshook__', '__weakref__', 'count',
'legs', 'printClassInfo']
```

说明：从输出结果可以看出，Animal.printClassInfo()和cat.printClassInfo()的结果是一样的。因此类方法 printClassInfo 既可以通过类名 Animal 访问，也可以通过实例 cat 访问。

（3）静态方法

与实例方法和类方法不同，静态方法没有参数限制，既不需要实例参数，也不需要类参数，定义的时候使用@staticmethod 装饰器。

同类方法一样，静态方法可以通过类名访问，也可以通过实例访问。

【例 4-7】静态方法及访问。
```
1    class Animal:
2        '''this is a Animal class'''
3        count = 0
4        legs = []
5        def __init__(self,name):
6            self.name = name
7
8        @staticmethod
9        def printClassAttr():
10           print(Animal.count)
11           print(Animal.legs)
12
13   Animal.printClassAttr()
14   cat = Animal("cat")
15   cat.printClassAttr()
```

说明：这三种方法的主要区别在于参数，实例方法被绑定到一个实例，只能通过实例进行调用；但是对于静态方法和类方法，可以通过类名和实例两种方式进行调用。

除了上述普通的类方法，还有一些 Python 类可以定义的专用方法。专用方法是在特殊情况下或当使用特别语法时由 Python 自动调用，而不是在代码中直接调用，表 4-2 列出了 Python 的特殊方法。

表 4-2 类的特殊方法

类方法	含义	类方法	含义
__del__	析构函数，释放对象时使用	__add__	加运算
__repr__	打印，转换	__sub__	减运算
__setitem__	按照索引赋值	__mul__	乘运算
__getitem__	按照索引获取值	__div__	除运算
__len__	获得长度	__mod__	求余运算
__cmp__	比较运算	__pow__	乘方
__call__	函数调用		

4.3.3 访问控制

Python 中没有像 Java 中 private、protected 等访问控制的关键字，但在 Python 编码中，使用一些约定来进行访问控制。

（1）名称前的双下划线

如果一个函数、类方法或属性的名字以两个下划线开始（但不是结束），它是私有的。例如：

【例 4-8】私有属性定义及使用。

```
1    #创建一个类：
2    class Animal:
3        count = 0
4        legs = []
5        #类的初始化函数
6        def __init__ (self,name):
7            self.__name = name
8        #创建类中的函数
9        def eat(self):
10           #输出 I can eat
11           print("I can eat")
12   dog=Animal("dog")
13   print(dog.__name)
14   dog.__name="small dog"
15   print(dog.__name)
```

运行上述代码出现如下错误：

AttributeError: 'Animal' object has no attribute '__name'

说明：__name 属性是私有的，无法从外部访问实例变量.__name。这样确保了外部代码不能随意修改对象内部的状态，因此通过访问限制的保护，代码更加健壮。

如果外部代码需要获取或设置 name，可以通过给 Animal 类增加 get_name 和 set_name 方法实现，例如：

```
1    #创建一个类：
2    class Animal:
3        ……
4        def get__name(self):
```

```
5                    #输出 I can eat
6              return self.__name
7     def set_name (self, name):
8         self.__name = name
```

通过 set_xxx()函数，用户可以对传来的参数做检查，避免传入无效的参数。例如：Student 类中的 set_score()方法可以对用户传来的 score 进行判断，看是否在 0~100 之间。

```
1  class Student:
2  ……
3      def set_score(self, score):
4          if 0 <= score <= 100:
5              self.__score = score
6          else:
7              raise ValueError('bad score')
```

（2）名称前的单下划线

在 Python 中，一般约定以单下划线"_"开头的变量、函数为模块私有的，也就是说"from 模块名 import *"将不会引入以单下划线"_"开头的变量、函数。

（3）名称前后的双下划线

这种用法表示 Python 中特殊的方法名。主要目的是确保不会与用户自定义的名称冲突。实际编程中，经常会重写这些方法，以实现自己所需要的功能，以便 Python 调用。例如，当定义一个类时，经常会重写"__init__"方法。

4.3.4 构造函数和析构函数

（1）__init__()构造方法

构造函数是一种特殊的方法，主要用来在创建对象时初始化对象。创建好对象后，检查类中是否实现了构造器。如果类中没有实现__init__()方法，就返回新创建的对象，而实例化操作也就结束了。如果实现了__init__()方法，就调用这个特殊方法，新创建的实例将作为它的第一个参数 self 被传递进去，整个过程就好像一个标准方法的调用一样，我们就可以把要先初始化的属性放到这个方法里面。

【例 4-9】类的构造方法。
```
1  class test(object):
2      def __init__(self):
3          print( "__init__")
4      def __del__(self):
5          print("__del__")
6      def common(self):
7          print("common")
8  t1 = test()
```

运行程序后，会输出"__init__"，说明在创建 t1 时，__init__()方法被执行了。

（2）__del__()析构方法

Python 还有一个__del__()的特殊方法。当使用 del 删除对象时，会调用它本身的析构函数，另外当对象在某个作用域中调用完毕，在跳出其作用域的同时析构函数也会被调用一次，这样可以用来释放内存空间。

【例 4-10】类的析构方法。修改（1）中的程序如下：
```
1  class test(object):
2      def __init__(self):
```

```
3       print "__init__"
4   def __del__(self):
5       print "__del__"
6   def common(self):
7       print "common"
8
9   t1 = test()
10  t1.common()
11  del t1
```

运行结果如下:
```
__init__
common
__del__()
```

以上运行结果说明第 11 行程序执行删除对象,调用了__del__()方法。

4.4 类的继承

4.4.1 类的简单继承

面向对象编程的主要好处之一是代码的重用,实现这种重用的方法之一是通过继承机制。当一个类被其他的类继承时,被继承的类称为基类,又称为父类。继承其他类属性的类称为派生类,又称为子类。类的继承格式如下:

class <类名>(父类名)
    <语句>

例如,猫可以喵喵叫(miaomiao)、吃(eat)、喝(drink);狗可以汪汪叫(wangwang)、吃(eat)、喝(drink)。

我们可以分别为猫和狗创建一个类,以实现"猫"和"狗"所有的功能。

【例 4-11】"猫"和"狗"类。
```
1   class Cat:
2       def miaomiao(self):
3           print('miaomiao')
4       def eat(self):
5           print('eat')
6       def drink(self):
7           print('drink')
8   class Dog:
9       def wangwang(self):
10          print('wangwang')
11      def eat(self):
12          print('eat')
13      def drink(self):
14          print('drink')
```

从上述代码中可以看出,猫和狗都具有吃、喝的功能,且被编写了两次代码。因此可以先编写一个父类 Animal,通过"继承"实现子类的功能。

继承的实现方法如下:

```
1    class 父类:
2        def 父类中的方法(self):
3            #do something
4    #定义子类,子类继承父类,即拥有了父类中所有的方法
5    class 子类(父类):
6        pass
7    #创建子类对象
8    zi=子类()
9    #执行从父类中继承的方法
10   zi.父类中的方法()
```

【例 4-12】利用继承的方法,编码实现猫、狗的功能。

(1)动物类:吃、喝。

(2)猫类:喵喵叫(猫继承动物的功能)。

(3)狗类:汪汪叫(狗继承动物的功能)。

下面的代码中,Animal 是父类,Cat 类、Dog 类都继承了 Animal 类。

```
1    class Animal:
2        def eat(self):
3            print(self.name+' eat')
4        def drink(self):
5            print(self.name+' drink')
6
7    class Cat(Animal):
8        def __init__(self,name):
9            self.name = name
10       def miaomiao(self):
11           print('miaomiao')
12
13   class Dog(Animal):
14       def __init__(self,name):
15           self.name = name
16       def wangwang(self):
17           print('wangwang')
18
19   c1 = Cat('Garfield')
20   c1.eat()
21
22   d1 = Dog('Collie')
23   d1.drink()
```

说明:程序第 19 行定义了 Cat 类的实例 c1;因为 Animal 类是 Cat 类的父类,所以第 20 行的 c1.eat() 中,eat 方法就来自父类的 eat 方法。

注意

当在 Python 中出现继承的情况时,一定要注意初始化函数 __init__ 的行为。

(1)如果子类没有定义自己的初始化函数,父类的初始化函数会被默认调用;如果要实例化子类的对象,则只能传入父类的初始化函数对应的参数,否则会出错。

(2)如果子类定义了自己的初始化函数,而没有显式调用父类的初始化函数,则父类的属性不会被初始化。

(3)如果子类定义了自己的初始化函数,显式调用父类,则子类和父类的属性都会被初始化。

【例 4-13】 编写一个 SchoolMember 类，包括：name 属性、age 属性和一个 tell() 方法用于打印出 name 和 age；通过继承的方式编写一个 Teacher 类和 Student 类，其中 Teacher 类增加一个 salary 属性；Student 类增加一个 marks 属性，并修改相应的 tell() 方法，实现相应属性的打印。

```
1    class SchoolMember:
2
3        def __init__(self, name, age):
4            self.name = name
5            self.age = age
6            print('Initialized SchoolMember: %s'% self.name)
7
8        def tell(self):
9            '''Tell my details.'''
10           print('Name:"%s" Age:"%s" '%(self.name,self.age))
11
12
13   class Teacher(SchoolMember):
14       '''Represents a teacher.'''
15       def __init__(self, name, age, salary):
16           SchoolMember.__init__(self, name, age)
17           self.salary = salary
18           print('(Initialized Teacher: %s)'% self.name)
19
20       def tell(self):
21           SchoolMember.tell(self)
22           print('Salary: "%d"'% self.salary)
23   class Student(SchoolMember):
24       '''Represents a student.'''
25       def __init__(self, name, age, marks):
26           SchoolMember.__init__(self, name, age)
27           self.marks = marks
28           print('(Initialized Student: %s)'% self.name)
29
30       def tell(self):
31           SchoolMember.tell(self)
32           print('Marks: "%d"'% self.marks)
33
34   t = Teacher('zhangsan',40,30000)
35   s = Student('wagnliang',22,75)
36   t.tell()
37   print('_____')
38   s.tell()
```

程序运行结果为：
```
Initialized SchoolMember: zhangsan
(Initialized Teacher: zhangsan)
Initialized SchoolMember: wagnliang
(Initialized Student: wagnliang)
Name:"zhangsan" Age:"40"
Salary: "30000"
_____
Name:"wagnliang" Age:"22"
Marks: "75"
```

4.4.2 类的多重继承

Python 子类可以继承一个父类，也可以继承多个父类。这就是多重继承，而 Java 和 C#中则只能继承一个类，是单继承机制。类的多重继承格式如下：
class 类名(父类 1,父类 2,…,父类 n)
    <语句 1>

Python 的类如果继承了多个类，那么其寻找方法的方式有两种，分别是深度优先和广度优先，如图 4-1 所示。

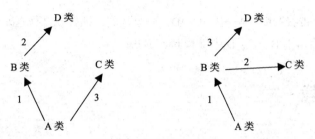

图 4-1 深度优先和广度优先

至于是深度优先还是广度优先的继承，需要先了解经典类和新式类，如果当前类或者父类继承了 Object 类，那么该类便是新式类，否则便是经典类。

（1）深度优先：当类是经典类时，多继承情况下，会按照深度优先方式查找。图 4-1 中，首先去 A 类中查找，如果 A 类中没有，则继续去 B 类中找；如果 B 类中没有，则继续去 D 类中找；如果 D 类中没有，则继续去 C 类中找；如果还是未找到，则报错。例如：

【例 4-14】类的多重继承。

```
1    class D:
2        def bar(self):
3            print('D.bar')
4    class C(D):
5        def bar(self):
6            print('C.bar')
7    class B(D):
8        def bar(self):
9            print('B.bar')
10   class A(B, C):
11       def bar(self):
12           print('A.bar')
13   a = A()
14   a.bar()
```

执行 bar 方法时，查找顺序：A→B→D→C，一旦找到，则寻找过程立即中断，因为 A 中有 bar 方法的定义，所以找到后，输出了 A.bar。

（2）广度优先：当类是新式类时，多继承情况下，会按照广度优先的方式查找。首先去 A 类中查找，如果 A 类中没有，则继续去 B 类中找；如果 B 类中没有，则继续去 C 类中找；如果 C 类中没有，则继续去 D 类中找，如果还是未找到，则报错。例如：

```
1    class D(object):
2        def bar(self):
```

```
3            print('D.bar')
4    class C(D):
5        def bar(self):
6            print('C.bar')
7    class B(D):
8        def bar(self):
9            print('B.bar')
10   class A(B, C):
11       def bar(self):
12           print('A.bar')
13   a = A()
14   a.bar()
```

执行 bar 方法时，查找顺序：A→B→C→D，一旦找到，则寻找过程立即中断，因为 A 中有 bar 方法的定义，所以不会再去 B、C、D 中寻找 bar 方法。

4.5 类的重载

4.5.1 方法重载

一般 OOP 语言对于方法重载来说，主要是根据参数的类型不同或者是数量不同来区分同名方法的。而 Python 则比较特殊，它本身是动态语言，方法的参数是没有类型的，当调用传值的时候才确定参数的类型，故对参数类型不同的方法无需考虑重载。对参数数量不同的方法，则大多数情况下可以采用参数默认值来实现。

【例 4-15】方法重载举例。

```
1    class Time:
2        #构造函数
3        def __init__(self,hour=0,minutes=0,seconds=0):
4            self.hour = hour
5            self.minutes= minutes
6            self.seconds = seconds
7    #函数的第一个参数是 self,若没有第二个参数,可用 self.hour
8        def printTime(self,t):
9            print(str(t.hour) + ":"+str(t.minutes)+":"+str(t.seconds))
10   #定义增加秒数的函数,并设置默认参数为 30
11       def increseconds(self,sec=30):
12           self.seconds += sec
13           if (self.seconds>60):
14               self.seconds = self.seconds -60
15               self.minutes += 1
16           if(self.minutes>60):
17               self.minutes = self.minutes -60
18               self.hour += 1
19
20   t1 = Time()
21   t1.hour=10
22   t1.minutes=8
23   t1.seconds=50
24
25   #第一个参数 self 就是类的对象 t1
```

```
26    t1.printTime(t1)    #输出结果为  10:8:50
27    t1.increseconds(20);
28    t1.printTime(t1)    #输出结果为  10:9:10
29
30    #有的参数之所以可以省略,是因为函数中已经给出了默认的参数
31    t1.increseconds();
32    t1.increseconds();
33    t1.printTime(t1)    #输出结果为  10:10:10
34
35    #构造函数是任何类都有的特殊方法。当要创建一个类时,就调用构造函数
36    t2 = Time(10,44,45)
37    t2.printTime(t2)    #输出结果为  10:44:45
```

上述代码中,t1 = Time()和t2= Time(10,44,45)都是创建 Time 类的实例,但是参数数量却不同,其中 t1 = Time()和 t1 = Time(0,0,0)是等同的。同理,t1.increseconds()和 t1.increseconds(30)等同,有的参数之所以可以省略,是因为函数定义中已经给出了默认的参数。

4.5.2 运算符重载

在 Python 中,运算符重载的方式更为简单——每一个类都默认内置了所有可能的运算符方法,只要重写这个方法,就可以实现针对该运算符的重载。在类中,对内置对象(例如,整数和列表)所能做的事,几乎都有相应的特殊名称的重载方法。表 4-3 列出了其中一些最常用的重载方法。

表 4-3 常用的重载方法

方　　法	重　　载	调　　用
__init__	构造函数	对象建立:X = Class(args)
__del__	析构函数	X 对象收回
__add__	运算符+	X+Y,X+=Y
__or__	运算符|(位 OR)	X|Y,X|=Y
__repr__,__str__	打印、转换	print(X),repr(X),str(X)
__call__	函数调用	X(*args,**kargs)
__getattr__	点号运算	X.undefined
__setattr__	属性赋值语句	X.any = value
__delattr__	属性删除	del X.any
__getattribute__	属性获取	X.any
__getitem__	索引运算	X[key],X[i:j],没__iter__时的 for 循环和其他迭代器
__setitem__	索引赋值语句	X[key] = value,X[i:j] = sequence
__delitem__	索引和分片删除	del X[key],del X[i:j]
__len__	长度	len(X),如果没有__bool__,真值测试
__bool__	布尔测试	bool(X),真测试
__lt__,__gt__,	特定的比较	X < Y,X > Y
__le__,__ge__,		X<=Y,X >= Y
__eq__,__ne__,		X == Y,X != Y
__radd__	右侧加法	Other+X
__iadd__	实地(增强)加法	X += Y (or else __add__)
__iter__,__next__	迭代环境	I = iter(X),next(I)

续表

方 法	重 载	调 用
__contains__	成员关系测试	item in X （任何可迭代的）
__index__	整数值	hex(X),bin(X),oct(X),O[X],O[X:]
__enter__,__exit__	环境管理器	with obj as var:
__get__,__set__	描述符属性	X.attr,X.attr = value,del X.attr
__new__	创建	在__init__之前创建对象

运算符重载只是意味着在类方法中拦截内置的操作——当类的实例出现在内置操作中时，Python 自动调用你的方法，并且你的方法的返回值变成了相应操作的结果。

下面代码中的 Number 类提供了一个方法来拦截实例的构造函数，此外还有一个方法捕捉减法表达式。

```
1    class Number:
2        def __init__(self,start):
3            self.data = start
4        def __sub__(self,other):
5            return Number(self.data - other)
6    number = Number(20)
7    y = number - 10
8    print(y.data)
```

返回结果是 10。

下面的类将返回索引值的平方：

```
1    class indexer:
2      def __getitem__(self,index):
3        return index ** 2
4    X = indexer()
5    X[2]
6    for i in range(5):
7    print(X[i])
```

如果类中定义了__getitem__，则对于实例的索引运算，会自动调用__getitem__，把 X 作为第一个参数传递，并且方括号内的索引值传给第二个参数。上述代码的输出结果为 0，1，4，9，16。

接着看一个索引迭代的例子。

```
1    class stepper:
2        def __getitem__ (self,i):
3            return self.data[i]
4    X = stepper()
5    X.data = 'Spam'
6    print(X[1])
7    for item in X:
8        print(item,end = ' ')
```

for 语句的作用是从 0 到更大的索引值，重复对序列进行索引运算，直到检测到超出边界的异常。因此，__getitem__也可以是 Python 中一种重载迭代的方式。如果定义了这个方法，for 每次循环时都会调用类的__getitem__方法。

代码第 6 行的输出是"p"；循环语句的输出是 Spam。

4.6 编程实践

【例 4-16】编写一个 Student 类，并实现对学生的"增、删、改、查"，其中学生类的属性包括 StuID、name、sex、classID。

首先编写 student.py 定义学生类，程序代码如下：

```
1   class Student:                          #定义类
2       stuID = ''                          #类属性
3       name = ''
4       sex = 'M'
5       classID = 'NULL'
6
7       #定义每一个属性的 get 方法和 set 方法用于获得/设置属性
8       def setStuID(self,stuID):
9           self.stuID = stuID
10      def setName(self,name):
11          self.name = name
12      def setSex(self,sex):
13          self.sex = sex
14      def setClassID(self,classID):
15          self.classID = classID
16      def getStuId(self):
17          return self.stuID
18      def getName(self):
19          return self.name
20      def getSex(self):
21          return self.sex
22      def getClassID(self):
23          return self.classID
```

编写主程序，实现对学生信息的管理，代码如下：

```
1   # -*- coding: utf-8 -*-
2   import os
3   import re
4   import sys
5   import student                          #导入类模块
6   #save file
7   global FILEPATH                         #定义全局变量
8   FILEPATH = 'student.db'                 #定义保存学生信息的文件名
9   global TEMPFILE
10  TEMPFILE = 'temp.db'                    #定义保存学生信息的临时文件
11
12  def menu():                             #菜单函数
13      while True :
14          os.system('cls')
15          print ('--------------------' )
16          print ('1.增加学生信息' )
17          print ('2.查询学生信息' )
18          print ('3.删除学生信息')
19          print ( '0.退出' )
20          print ( '--------------------' )
```

```python
21          opt = input('请选择: ')
22          if opt == '1':
23              while True:
24                  addStudent()                          #增加学生信息函数
25                  opt2 = input('继续增加学生吗(Y/N)?:')
26                  if opt2 == 'Y' or opt2 == 'y' or opt2 == '':
27                      continue
28                  else:
29                      break
30          elif opt == '2':
31              while True:
32                  query()                               #查询学生信息函数
33                  opt2 = input('继续查询吗(Y/N)?:')
34                  if opt2 == 'Y' or opt2 == 'y' or opt2 == '':
35                      continue
36                  else:
37                      break
38          elif opt == '3':
39              while True:
40                  delMenu()                             #删除学生信息函数
41                  opt2 = input('继续删除吗(Y/N)?: ')
42                  if opt2 == 'Y' or opt2 == 'y' or opt2 == '':
43                      continue
44                  else:
45                      break
46          elif opt == '0' :
47              exitProgram()
48              break
49          else:
50              print ('Error input' )
51
52  def addStudent():
53      stu =student.Student()                            #建立学生对象
54      while True:
55          stuID = input('请输入学号ID(001-999):')
56          #match ID 001-999
57          p = re.match('^[0-9]{3}$', stuID)             #采用正则表达式检测是否合法
58          if p :
59              if stuID == '000':
60                  print('学号必须是 001-999' )
61                  continue
62              if isIDExist(stuID):
63                  print('学号 = %s 已经存在!' % stuID )
64                  continue
65              else :
66                  stu.setStuID(stuID)
67              break
68          else:
69              print( '学号必须是  001-999')
70
71      while True:
72          stuName = input('请输入学生姓名：(a-z,A-Z,5个字符):')
```

```python
73          #match name a-z A-Z 5 char
74          p = re.match('^[a-zA-Z]{1,5}$',stuName)
75          if p :
76              stu.setName(stuName)
77              break
78          else :
79              print('姓名格式错误,必须是 a-z,A-Z,长度为 5 字符')
80      while True:
81          stuSex = input('性别: (M为男, F为女, 默认为M): ')
82          #default value
83          if stuSex == '':
84              stu.setSex('M')
85              print ('性别:M' )
86              break
87          if stuSex =='M' or stuSex == 'm':
88              stu.setSex(stuSex.upper())            #转换为大写
89              break
90          #if stuSex == 'M' or stuSex == 'm' || stuSex == 'F' stuSex == 'f':
91          p = re.match('^M|m|F|f$',stuSex)
92          if p :
93              stu.setSex(stuSex.upper())
94              break
95          else :
96              print('性别(M/f)')
97      while True:
98          stuClass = input('班级: (01-99):')
99          #default value
100         if stuClass == '':
101             stu.setClassID('NULL')
102             print ('班级:NULL' )
103             break
104         #match 00-99
105         p = re.match('^[0-9]{2}$',stuClass)
106         if p :
107             #get rid of 00
108             if stuClass == '00':
109                 print ('班级必须为 01-99')
110                 continue
111             stu.setClassID(stuClass)
112             break
113         else:
114             print( '班级必须为 01-99')
115     #save to file
116     file1 = open(FILEPATH,'a')                #打开文件为追加模式
117     print ('ID\tNAME\tSEX\tCLASS')
118     print (stu.getStuId(),'\t',stu.getName(),'\t',stu.getSex(),'\t',stu.getClassID() )
119     #将信息写入文件,写时以制表符间隔
120     file1.write(stu.getStuId()+'\t'+stu.getName()+'\t'+stu.getSex()+'\t'+stu.getClassID()+'\n')
121     print('增加学生成功!')
122     file1.close()
123
124 #Delete student menu
125 def delMenu():
```

```
126         print ('1.根据学号删除' )
127         print ('2.删除所有包含此学号的学生')
128         opt =input('Select: ')
129         if opt == '1':
130             delStudentByID()
131         elif opt == '2':
132             delStudentContainsID()
133         else:
134             print ('输入错误' )
135
136 #Delete contains id
137 def delStudentContainsID():
138     contID = input('学号:')
139     if getInfoContainsID(contID)==0 :
140         print('输入的学号：\"%s\" 不存在' % contID)
141         return
142     opt =('确定删除所有学生吗(Y/N):')
143     if not opt == 'y' or opt == 'Y':
144         return
145     f = open(FILEPATH,'r')            #以只读形式打开文件
146     tmp = open(TEMPFILE,'a')          #以追加形式打开临时文件
147     i=0
148     for eachLine in f:                #读取文件的每一行
149         items = eachLine.split('\t')  #以制表符为分隔符将每一个分割成多个字符串并放到列表中
150 #       if not re.match(contID, items[0]):
151         if items[0].count(contID) ==0:
152             tmp.write(eachLine)
153         else:
154             i+=1
155     f.close()
156     tmp.close()
157     os.remove(FILEPATH)
158     os.rename(TEMPFILE, FILEPATH)
159     print ( '删除 %d 条记录' % i )
160
161 #get contains ID information
162 def getInfoContainsID(stuID):
163     f = open(FILEPATH)
164     i=0
165     for eachLine in f:
166         items = eachLine.split('\t')
167
168         if not items[0].count(stuID) ==0:
169 #           if re.match(stuID,items[0]):
170             i+=1
171             if i==1:
172                 print('ID\tNAME\tSEX\tCLASS')
173             print( eachLine, )
174     if i==0:
175         return 0
176     else :
177         return i
178     f.close()
```

```
179
180    #Delete student by ID
181    def delStudentByID():
182        delID = input('学号:')
183        if not isIDExist(delID) :
184            print('输入的学号 %s 不存在' % delID )
185            return
186
187        getInfoByID(delID)
188        opt =input('确定要删除吗(Y/N):')
189        if not (opt =='Y' or opt =='y'):
190            return
191        f = open(FILEPATH,'r')
192        tmp = open(TEMPFILE,'a')
193        for eachLine in f:
194            split = eachLine.split('\t')
195            if not delID == split[0]:
196                tmp.write(eachLine)
197        tmp.close()
198        f.close()
199        os.remove(FILEPATH)              #删除源数据文件,将临时文件改名为数据文件
200        os.rename(TEMPFILE, FILEPATH)
201        print("删除成功! ")
202
203    #Query menu
204    def query():
205        #略
206
207    #query ID exist
208    def isIDExist(ID):
209        #略
210
211    #get information by ID for delete student
212    def getInfoByID(stuID):
213        #略
214    #Query student by ID
215    def queryByID():
216        #略
217
218    #Query all students
219    def queryAll():
220        #略
221
222    def init():
223        #略
224    if __name__ == '__main__':
225        init()              #打开文件
226        menu()
```

程序运行结果为:

1.增加学生信息
2.查询学生信息

3.删除学生信息

0.退出

请选择：

说明：该程序使用文件保存学生信息，关于文件的操作请参阅相关章节。

4.7 习题

1．选择题

（1）下面列出的程序设计语言中（　　）不是面向对象的语言。

　　　A．C　　　　　　B．C++　　　　　　C．Java　　　　　D．Python

（2）下面列出的选择中（　　）不是 Python 语言的特点。

　　　A．封装　　　　　B．传递　　　　　　C．继承　　　　　D．多态

（3）下列有关类的说法不正确的是（　　）。

　　　A．对象是类的一个实例

　　　B．任何一个对象只能属于一个具体的类

　　　C．一个类只能有一个对象

　　　D．类与对象的关系和数据类型与变量的关系相似

（4）（　　）的功能是将对象进行初始化。

　　　A．析构函数　　　B．数据成员　　　　C．构造函数　　　D．静态成员函数

（5）关于类属性的描述以下（　　）是不正确的。

　　　A．类属性被类的所有实例所共有

　　　B．类的属性不能被所有的实例所共有

　　　C．类的属性在类体内定义

　　　D．类的属性的访问形式为"类名.类属性名"

（6）关于实例属性的描述以下说法错误的是（　　）。

　　　A．实例属性被类的所有实例所共有

　　　B．实例属性属于类的一个实例

　　　C．实例属性使用"self.属性"名定义

　　　D．实例属性的访问形式为"self.属性名"

（7）Python 类中为了不让某种属性和/或方法在类外被调用或修改，可以使用（　　）。

　　　A．双下划线（__）为开头的名称　　　　B．单下划线（_）为开头的名称

　　　C．双下划线（__）为开头和结尾的名称　D．单下划线（_）为开头和结尾的名称

（8）关于类的继承，以下说法错误的是（　　）。

　　　A．类可以被继承，但不能继承父类的私有属性和私有方法

　　　B．类可以被继承，能够继承父类的私有属性和私有方法

　　　C．子类可以修改父类的方法，以实现与父类不同的行为表示或能力

　　　D．一个类可以继承多个类

（9）关于 Python 类的说法错误的是（　　）。
　　A．类的实例方法需要在实例化后才能够调用
　　B．类的实例方法可以在实例化之前调用
　　C．静态方法和类方法都可以被类或实例访问
　　D．静态方法无需传入 self 参数，类方法需传入代表本类的 cls 参数
（10）关于 Python 类的说法错误的是（　　）。
　　A．在外部调用静态方法时，可以使用"类名.方法名"的方式，而不能使用"对象名.方法名"的方式
　　B．静态方法在访问本类的成员时，只允许访问静态成员（即静态成员变量和静态方法），而不允许访问实例成员变量和实例方法
　　C．类方法可以被对象调用，也可以被实例调用
　　D．静态方法参数没有实例参数 self，也就不能调用实例参数

2．填空题

（1）Python 有 3 种方法，即_____方法、_____方法和实例方法
（2）Python 类的属性包括_____属性和_____属性。
（3）静态方法定义时使用_____进行修饰，类方法使用_____进行修饰。
（4）通过内建函数_____，或者访问类的字典属性_____，这两种方式都可以查看类有哪些属性。
（5）实例方法的第一个参数必须是_____。
（6）实例方法只能通过_____进行调用。
（7）类方法以_____为第一个参数。
（8）在 Python 中，定义类通过_____关键字。
（9）当子类和父类都存在相同的方法时，_____的方法覆盖了_____的方法。
（10）判断对象类型，使用_____函数。

3．编程题

（1）设计一个 Date 类，属性包括 year、month、day 三个属性和能够实现"取日期值、取年份、取月份、提取日期、设置日期值、输出日期"的方法。
（2）设计一个 Rectangle 类，属性为左上角和右下角的坐标，编写方法，实现根据坐标计算矩形的面积。
（3）编写一个 Person 类，属性为 id、name、age，编写方法，实现对 Person 类的录入和输出。
（4）编写一个 Student 类，其父类为(3)中的 Person 类，增加属性 class，并实现学生的输入和输出。
（5）编写一个 Stu 类，属性包括学号以及三门课程成绩，编写方法，输出平均成绩，并输出是否通过（假如任意一门成绩小于 60 分则没通过）。

第5章 Python GUI编程

本章重点
- PyQt 编程的步骤
- Qt Designer 界面设计方法
- PyQt 常用类的属性和函数
- PyQt GUI 布局
- PyQt 信号和槽

本章难点
- PyQt 信号和槽
- Qt Designer 界面设计方法
- PyQt 常用类的使用方法

用户图形界面（GUI）是程序开发中的重要组成部分，目前支持 Python 的 GUI 工具包很多，例如 TKinter、Wxpython、PyQt 等。本章将重点介绍基于 PyQt 的 Python 图形界面设计。

5.1 PyQt GUI 工具包概述

5.1.1 GUI 简介

图形用户界面（Graphical User Interface，GUI，又称图形用户接口）是指采用图形方式显示的计算机操作用户界面。一个典型的 GUI 应用程序可以抽象为主界面（菜单栏、工具栏、状态栏、内容区域）、二级界面（模态、非模态）、信息提示（Tooltip）、程序图标等组成。目前常用的 Python GUI 工具包很多，例如，TKinter、Wxpython、PyQt 等。

- Tkinter：Tkinter 是 Python 的标准 GUI 库。Python 使用 Tkinter 可以快速地创建 GUI 应用程序。
- WxPython：WxPython 是一款开源软件，是基于 Python 语言的一套优秀的 GUI 图形库，Python 程序员可以很方便地使用它创建完整的、功能键全的 GUI 用户界面。
- PyQt：PyQt 以一种优秀的跨平台的 GUI 开发工具，其控件丰富、功能强大，深受广大用户的欢迎。

本章重点介绍如何使用 PyQt5 构建一个典型的 GUI 应用。

5.1.2 PyQt 工具包

1. PyQt 简介

PyQt 是用来创建 Python GUI 应用程序的工具包。其具有强大的 GUI 库，由 300 多个类和接近 6000 个函数与方法构成。作为一个跨平台的工具包，PyQt 可以在所有主流的操作系统上运行（UNIX、Windows、Mac），其具有如下的特点。

（1）PyQt 汇集了 Qt C++跨平台应用程序框架和跨平台解释语言 Python。

（2）Qt 不仅仅是一个 GUI 工具包，还包括网络套接字、线程、正则表达式、SQL 数据库、OpenGL、XML、Web 浏览器、多媒体框架以及丰富的 GUI 控件集合。

（3）Qt 类使用信号/插槽机制来进行通信，采用这种类型安全、松散耦合的方式易于创建可重用的软件组件。

（4）Qt 包括一个图形用户界面设计器 Qt Designer。PyQt 能够从 Qt Designer 生成 Python 代码，还可以添加使用 Python 编写的新的 GUI 控件到 Qt Designer。

PyQt 常用的几个模块如下。

（1）Qt Core 模块：Qt Core 类提供核心的非 GUI 功能，所有模块都需要这个模块。这个模块的类包括了动画框架、定时器、各个容器类、时间日期类、事件、IO、JSON、插件机制、智能指针、图形（矩形、路径等）、线程、XML 等。

（2）Qt GUI 模块：提供 GUI 程序的基本功能，包括与窗口系统的集成、事件处理、OpenGL 和 OpenGL ES 集成、2D 图像、字体、拖放等。Qt GUI 模块提供的是所有图形用户界面程序都需要的通用功能。

（3）Qt Widgets 模块：包含提供一组 UI 元素，以创建用户界面。

（4）Qt NetWork 模块：包含用于网络编程的类，用户可以用这些类实现 TCP/IP 和 UDP 的客户端或服务器，并且使用这些类会使网络编程更加容易、轻便。

（5）Qt Xml 模块：包含用于处理 XML 文件的类，该模块提供了包含 SAX 和 DOMAPI 两种 XML 文件处理方式的实现。

（6）Qt OpenGL 模块：用于渲染使用 OpenGL 库创建的 3D 或 2D 图形，并且它支持 Qt GUI 库和 OpenGL 库的无缝结合。

（7）Qt Sql 模块：该模块提供了用于操作数据库的类。

PyQt5 还包含一些实用程序。

pyuic5 实用程序：将使用 Qt Designer 创建的基于 Qt Widgets 的 GUI 转换为 Python 代码。

pyrcc5 实用程序：将资源收集文件描述的任意资源(例如图标、图像、翻译文件)嵌入 Python 模块中。

pylupdate5 实用程序：将在 Python 代码中提取所有可翻译的字符串，并创建或更新.ts 翻译文件。

2. PyQt 安装

首先下载与用户 Python 版本和开发环境一致的 PyQt 版本。对于 Windows 来说，只需要下载 exe 格式的文件（例如，PyQt5-5.5-gpl-Py3.4-Qt5.5.0- x32.exe）安装即可。安装过程中，用户可以选择所需的安装组件，如图 5-1 所示，单击"Next"按钮，选择 Python 的安装路径，如图 5-2 所示。

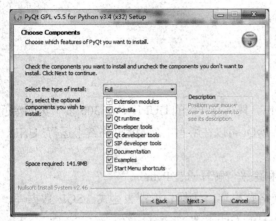
图 5-1 选择安装组件

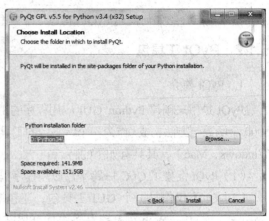
图 5-2 选择安装路径

安装完成后，程序组内容如图 5-3 所示。PyQt5 安装完后，需要修改系统变量 QT_QPA_PLATFORM_PLUGIN_PATH=D:\Python34\Lib\site-packages\PyQt5\plugins（PyQt5 的 plugins 文件夹所在位置），如图 5-4 所示。

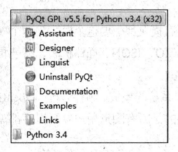
图 5-3 PyQt 组件

图 5-4 建立 PyQt 系统变量

3. 在 PyCharm 中配置 PyQt

（1）打开 PyCharm，单击"File"→"Settings"打开设置界面，选择"Tools"→"External Tools"，如图 5-5 所示。

（2）单击"+"，在 Qt Designer 的设置中，参数"Program"选择 PyQt 安装目录中 designer.exe 的路径，"Work directory"参数使用变量 $ProjectFileDir$，如图 5-6 所示。

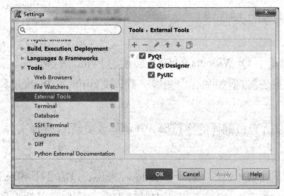
图 5-5 PyCharm 配置对话框 1

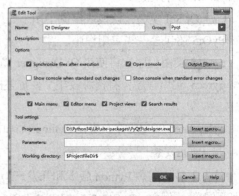
图 5-6 PyCharm 配置对话框 2

(3) 设置 "PyUIC",用于将 Qt 界面转换成 Py 代码,界面如图 5-7 所示。

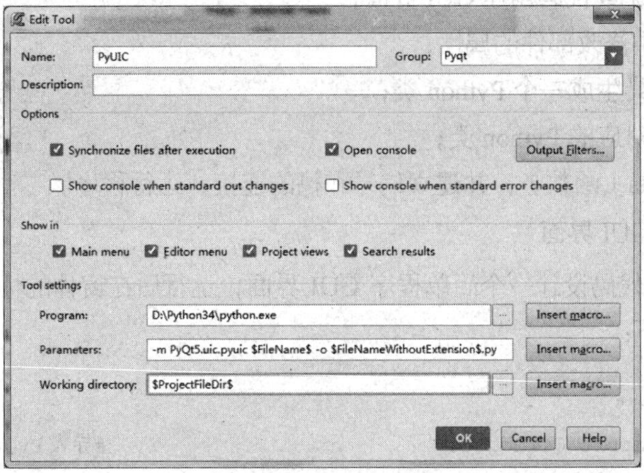

图 5-7 PyUIC 设置对话框

PyUIC 的设置中 Program 写入 Python 的安装地址;"Parameters"写入"-m PyQt5.uic.pyuic $FileName$ -o $FileNameWithoutExtension$.py","Work directory" 使用变量 $ProjectFileDir$ 。

完成上面设置后,打开 PyCharm,在 "Tools" 菜单项出现 "Qt Designer" 和 "PyUIC" 菜单项,单击 "Qt Designer" 可以启动 "Qt Designer" 进行界面设计;单击 "PyUIC" 可以将 Qt Designer 设计的.ui 文件转换为.py 文件,以便在 PyCharm 中编程使用。

配置完成后的主窗体如图 5-8 所示。

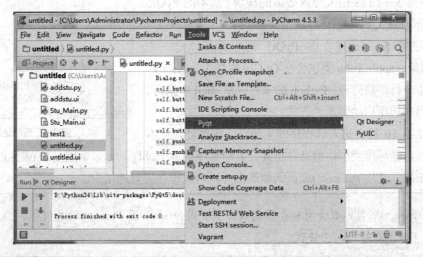

图 5-8 集成 PyQt 后的 PyCharm 主界面

5.1.3 编程测试

1. PyQt GUI 编程步骤

使用 PyQt 进行 Python GUI 设计通常使用两种方式:可以直接使用代码设计界面,也可以先使用 Qt Designer 进行可视化设计,然后将生成的.ui 文件转换成.py 文件。使用 Qt Designer,可以方便地创建复杂的 GUI 界面。利用 PyQt 创建一个 Python GUI 一般需要以下几个步骤。
- 使用 Qt Designer 或代码创建 GUI 界面；
- 在属性编辑器中修改部件的属性；
- 使用 PyUIC 工具生成一个 Python 类；
- 适当修改 GUI 对应的 Python 类；
- 编写所需的 slots（函数），并建立信号和槽的连接，运行程序。

2. 利用代码创建 GUI 界面

【例 5-1】本例通过代码设计一个简单程序 GUI 界面，运行后在窗体的标题栏显示"我的第一个 PyQt 程序"，代码如下：

```
1    # -*- coding: utf-8 -*-
2    """第一个程序"""
3    from PyQt5 import QtWidgets               #导入 PyQt5 部件
4    import sys
5    app = QtWidgets.QApplication(sys.argv)    #建立 application 对象
6    first_window = QtWidgets.QWidget()        #建立窗体对象
7    first_window.resize(400, 300)             #设置窗体大小
8    first_window.setWindowTitle("我的第一个 PyQt 程序")  #设置窗体标题
9    first_window.show()                       #显示窗体
10   sys.exit(app.exec_())                     #运行程序
```

程序的运行结果如图 5-9 所示。

程序说明如下。

（1）程序第 3~4 行：用来导入必需的模块。基本的 PyQt5 的 GUI 窗口部件在 Qt Widgets 模块中。

（2）程序第 5 行：建立的 PyQt5 程序都必须是一个 application 对象，application 类包含在 Qt Gui 模块中。sys.argv 参数是一个命令行参数列表。Python 脚本可以从 shell 中执行，参数可以让用户选择启动脚本的方式。

图 5-9 运行结果

（3）程序第 10 行：进入该程序的主循环。事件处理从本行语句开始。主循环接受事件消息并将其分发给程序的各个部件。如果调用 exit()或主部件被销毁，主循环就会结束。使用 sys.exit()成员函数退出可以确保程序完整地结束。

 注意 exec_()成员函数会有一个下划线，主要因为 exec 是 Python 的关键字，为避免冲突，PyQt 使用 exec_()替代。

3. 利用 Qt Designer 设计界面

【例 5-2】利用 Qt Designer 设计一个"系统登录窗体"。

对于较为复杂的窗体，可以通过 Qt Designer 进行可视化设计，然后将其转换为.py 文件。具体操作如下。

（1）打开 PyCharm，单击"Tools"→"PyQt"→"Qt Designer"启动。或直接从"开始"菜单中启动"Qt Designer"，界面如图 5-10 所示。

图 5-10　Qt Designer 主界面

（2）单击"文件"→"新建",选择新建窗体的类型,单击"创建"按钮。

（3）将所需的控件拖入窗体中,进行设计,如图 5-11 所示。

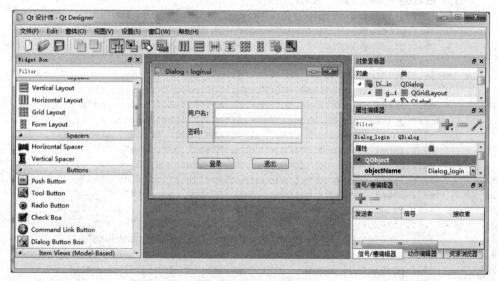

图 5-11　登录窗体设计

　　Qt Designer 默认左边是控件栏,提供了很多控件类,可以直接拖放到 widget 中看到效果。每个控件都有自己的名称,提供不同的功能,例如常用的按钮、输入框、单选、文本框等。右边是对窗口及控件的各种调整、设置、添加资源、动作。还可以直接编辑 Qt 的信号和槽（signal 和 slot）,关于 Qt 的信号和槽的相关知识,将在后续章节中详细介绍。

（4）设计完成以后,将窗体保存为"login.ui"文件。".ui"文件为以 xml 形式保存界面设计文件。

（5）将"login.ui"文件转换成 .py 文件。可以在 PyCharm 中单击"Tools"→"PyQt"→"PyUIC"进行转换,也可以利用命令行：pyuic5 -o login.py login.ui 回车（ -o 后的参数为输出文件的名称,-o 后第二个参数即为生成的 ui 文件的名称）。

（6）运行 login.py，运行结果如图 5-12 所示。

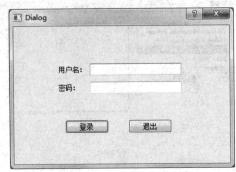

图 5-12　登录窗体运行结果

对应的代码如下：

```
1   -*- coding: utf-8 -*-
2   from PyQt5 import QtCore, QtGui, QtWidgets
3   import sys
4   class Ui_Dialog_login(object):
5       def setupUi(self, Dialog_login):
6           Dialog_login.setObjectName("Dialog_login")
7           Dialog_login.resize(376, 235)
8           self.gridLayoutWidget = QtWidgets.QWidget(Dialog_login)
9           self.gridLayoutWidget.setGeometry(QtCore.QRect(70, 50, 231, 81))
10          self.gridLayoutWidget.setObjectName("gridLayoutWidget")
11          self.gridLayout = QtWidgets.QGridLayout(self.gridLayoutWidget)
12          self.gridLayout.setObjectName("gridLayout")
13          self.lineEdit_username = QtWidgets.QLineEdit(self.gridLayoutWidget)
14          self.lineEdit_username.setObjectName("lineEdit_username")
15          self.gridLayout.addWidget(self.lineEdit_username, 0, 2, 1, 1)
16          self.label_username = QtWidgets.QLabel(self.gridLayoutWidget)
17          self.label_username.setObjectName("label_username")
18          self.gridLayout.addWidget(self.label_username, 0, 0, 1, 1)
19          self.label_password = QtWidgets.QLabel(self.gridLayoutWidget)
20          self.label_password.setObjectName("label_password")
21          self.gridLayout.addWidget(self.label_password, 1, 0, 1, 1)
22          self.lineEdit_password = QtWidgets.QLineEdit(self.gridLayoutWidget)
23          self.lineEdit_password.setObjectName("lineEdit_password")
24          self.gridLayout.addWidget(self.lineEdit_password, 1, 2, 1, 1)
25          self.pushButton_login = QtWidgets.QPushButton(Dialog_login)
26          self.pushButton_login.setGeometry(QtCore.QRect(90, 160, 75, 23))
27          self.pushButton_login.setObjectName("pushButton_login")
28          self.pushButton_quit = QtWidgets.QPushButton(Dialog_login)
29          self.pushButton_quit.setGeometry(QtCore.QRect(200, 160, 75, 23))
30          self.pushButton_quit.setObjectName("pushButton_quit")
31          self.retranslateUi(Dialog_login)
32          QtCore.QMetaObject.connectSlotsByName(Dialog_login)
33
34      def retranslateUi(self, Dialog_login):
35          _translate = QtCore.QCoreApplication.translate
36          Dialog_login.setWindowTitle(_translate("Dialog_login", "Dialog"))
37          self.label_username.setText(_translate("Dialog_login", "用户名："))
38          self.label_password.setText(_translate("Dialog_login", "密码："))
```

```
39          self.pushButton_login.setText(_translate("Dialog_login","登录"))
40          self.pushButton_quit.setText(_translate("Dialog_login","退出"))
41
42  if __name__=="__main__":
43      app=QtWidgets.QApplication(sys.argv)
44      Dialog=QtWidgets.QDialog()
45      ui=Ui_Dialog_login()
46      ui.setupUi(Dialog)
47      Dialog.show()
48      sys.exit(app.exec_())
```

程序说明。

（1）程序第 1~40 行：为.ui 文件转换为.py 文件自动生成的代码，用户可以对生成的代码进行修改，这样可以大大减少界面设计的工作量。

（2）此程序未涉及 Qt 的信号和槽，相关知识将在后面的章节介绍。

5.2 PyQt GUI 编程

5.2.1 信号和槽

1. 信号和槽的概念

在 GUI 编程当中，当用户改变了一个控件的状态（例如，按下按钮），此时需要通知另外的控件，也就是实现对象之间的通信。早期的 GUI 编程使用回调，在 Qt 中使用一个新的机制——信号与槽。在编写一个类的时候要事先定义该类的信号与槽，在实例中可以对这些信号与槽进行搭配，从而实现编程的目的。信号和槽机制是 Qt 的核心机制。

（1）信号

当对象改变其状态时，信号就由该对象发射（Emit）出去，并且对象只负责发送信号，它不知道另一端是谁在接收这个信号。这样就做到了真正的信息封装，能确保对象被当作一个真正的软件组件来使用。

（2）槽

用于接收信号，并且槽只是普通的对象成员函数。一个槽并不知道是否有其他信号与自己相连接，而且对象并不了解具体的通信机制。

（3）信号和槽的绑定

通过调用 QObject 对象的 connect()函数将某个对象的信号与另外一个对象的槽函数相关联。这样当发射者发射信号时，接收者的槽函数将被调用。

2. 信号和槽的特点

（1）一个信号可以连接到多个槽，当信号发出后，槽函数都会被调用，但是调用的顺序是随机的，不确定的。例如：

```
self.pushButton.clicked.connect(self.firtPyQt5_button_click)
self.pushButton.clicked.connect(self.firtPyQt5_button_click_2)
```

同一个按钮的单击信号分别和槽（函数）firtPyQt5_button_click()、firtPyQt5_button_click_2()相连，这样当单击"pushButton"控件时，两个函数都将被调用执行。

（2）多个信号可以连接到同一个槽，其中任何一个信号发出，槽函数都会被执行。例如：
```
self.buttonOn.clicked.connect(self.showMessage)
self.buttonOff.clicked.connect(self.showMessage)
```
showMessage()函数同时绑定在两个 button 的 clicked 信号上，单击任何一个按钮都将执行 showMessage()函数。

（3）信号的参数可以是任何的 Python 类型，如 list、dict 等 python 独有的类型。

（4）信号和槽的连接可以被移除，PyQt5 提供了 disconnect()成员函数来进行解绑。例如：
```
self.pushButton1.clicked.disconnect(self.pushButton.clicked)
self.pushButton.clicked.disconnect(self.firtPyQt5_button_click_2)
```

（5）信号可以和另外一个信号进行关联；第一个信号发出后，第二个信号也同时发送。比如关闭系统的信号发出之后，同时会发出保存数据的信号。

信号和槽的示例如下：
```
1    #-*- coding:utf-8 -*-
2    import sys
3    from PyQt5.QtGui  import *
4    from PyQt5.QtCore import *
5    from PyQt5.QtWidgets import *
6
7    class SignalSlot(QWidget):
8        def __init__(self):
9            super(SignalSlot,self).__init__()
10           self.initUI()
11
12       def initUI(self):
13           self.controlsGroup = QGroupBox('信号和槽')
14           self.lcdNumber = QLCDNumber(self)              #创建 lcdNumber 控件
15           self.slider = QSlider(Qt.Horizontal, self)     #创建 Slider 控件
16           self.pBar = QProgressBar(self)                 #创建 ProgressBar 控件
17           vbox = QVBoxLayout()                           #创建垂直布局
18           vbox.addWidget(self.pBar)                      #将 pBar 控件加入布局中
19           vbox.addWidget(self.lcdNumber)
20           vbox.addWidget(self.slider)
21           self.controlsGroup.setLayout(vbox)
22           controlsLayout = QGridLayout()                 #常见网格布局
23           self.label1 = QLabel('保存状态：')              #添加标签
24           self.saveLabel = QLabel()
25           self.label2 = QLabel('运行状态：')
26           self.runLabel = QLabel()
27           self.buttonSave = QPushButton('保存')          #添加按钮
28           self.buttonRun = QPushButton('运行')
29           self.buttonStop = QPushButton('停止')
30           self.buttonDisconnect = QPushButton('解除关联')
31           self.buttonConnect = QPushButton('绑定关联')
32           controlsLayout.addWidget(self.label1,0,0)      #在网格布局中 1 行 1 列添加控件
33
34           controlsLayout.addWidget(self.saveLabel,0,1)
35           controlsLayout.addWidget(self.label2,1,0)
36           controlsLayout.addWidget(self.runLabel,1,1)
```

```
37          controlsLayout.addWidget(self.buttonSave,2,0)
38          controlsLayout.addWidget(self.buttonRun,2,1)
39          controlsLayout.addWidget(self.buttonStop,2,2)
40          controlsLayout.addWidget(self.buttonDisconnect,3,0)
41          controlsLayout.addWidget(self.buttonConnect,3,1)
42          layout = QHBoxLayout()
43          layout.addWidget(self.controlsGroup)
44          layout.addLayout(controlsLayout)
45          self.setLayout(layout)
46          self.buttonRun.clicked.connect(self.buttonSave.clicked)
47          self.slider.valueChanged.connect(self.pBar.setValue)
48          self.slider.valueChanged.connect(self.lcdNumber.display)
49          self.buttonSave.clicked.connect(self.showMessage)
50          self.buttonRun.clicked.connect(self.showMessage)
51          self.buttonDisconnect.clicked.connect(self.unbindConnection)
52          self.buttonConnect.clicked.connect(self.bindConnection)
53          self.buttonStop.clicked.connect(self.stop)
54          self.setGeometry(300, 500, 500, 180)
55          self.setWindowTitle('信号和槽')
56
57      def showMessage(self):
58          if self.sender().text() == "保存":
59              self.saveLabel.setText("Saved")
60          elif self.sender().text() == "运行":
61              self.saveLabel.setText("Saved")
62              self.runLabel.setText("Running")
63
64      def unbindConnection(self):
65          self.slider.valueChanged.disconnect()
66      def bindConnection(self):
67          self.slider.valueChanged.connect(self.pBar.setValue)
68          self.slider.valueChanged.connect(self.lcdNumber.display)
69      def stop(self):
70          self.saveLabel.setText('')
71          self.runLabel.setText('')
72
73  if __name__ == '__main__':
74      app = QApplication(sys.argv)
75      ex = SignalSlot()
76      ex.show()
        sys.exit(app.exec_())
```

上述代码的运行界面如图 5-13 所示。

图 5-13　信号和槽演示界面

代码说明：

（1）程序第 12~54 行：生成用户界面。

（2）程序第 49 行：将"运行"按钮的单击信号和槽函数 showMessage()关联，因此单击"运行"按钮时执行 showMessage()函数。

（3）第 50 行：将"解除关联"按钮与函数 unbindConnection()关联。执行该函数后 LED 显示控件的值不随滑块值的改变而改变。

（4）第 51 行：将"绑定关联"按钮与函数 bindConnection()关联。执行该函数后 LED 显示控件的值随滑块值的改变而改变。

（5）第 52 行：将"停止"按钮与函数 stop()关联。

5.2.2 主窗口 QMainWindow

1. 功能

Qt 中的顶层窗口称为 MainWindow，属于类 QMainWindow，QMainWindow 继承于 QWidget。通过子类 QMainWindow 可以创建一个应用程序的窗口。

MainWindow 的结构分为五个部分：菜单栏（Menu Bar）、工具栏（Toolbars）、停靠窗口（Dock Widgets）、状态栏（Status Bar）和中央窗口（Central Widget）。

2. 常用成员函数

QMainWindow 常用的成员函数见表 5-1。

表 5-1　QMainWindow 常用的成员函数

成员函数名称	功　　能
setCaption()	设置窗口标题
setFocus ()	把键盘输入焦点设置为此窗口
setFont()	设置窗口的字体
setGeometry()	设置相对于父窗体的子窗体的位置
setIcon()	设置窗口图标
setIconText()	设置窗口图标文本

3. 举例

【例 5-3】利用 PyQt 建立一个带有状态栏的主窗体。代码如下。

```
1    import sys
2    from PyQt5.QtGui  import *
3    from PyQt5.QtCore import *
4    from PyQt5.QtWidgets import *
5
6    class MainWindow(QMainWindow):
7        def __init__(self,parent=None):
8            super(MainWindow,self).__init__(parent)
9            self.status = self.statusBar()                          #创建状态条
10           self.status.showMessage('This is StatusBar',5000)       #显示信息
11           self.setWindowTitle('PyQt MianWindow')                  #设置窗口标题
12
13   app = QApplication(sys.argv)
14   app.setWindowIcon(QIcon('./images/DIRTREE2.ICO'))
15   form = MainWindow()
16   form.show()
17   app.exec_()
```

程序运行结果如图 5-14 所示。

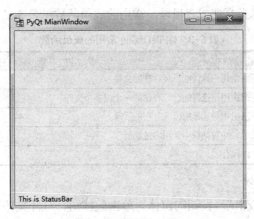

图 5-14 主窗体运行结果

5.2.3 对话框 QDialog

1. 功能

对话框是程序设计中的常用控件。对话框的主要用途是实现人机对话，即系统可通过对话框提示用户输入与任务有关的信息。

QDialog 可以是模式的，也可以是非模式的。QDialog 支持扩展性，并且可以提供返回值。常用的对话框有三种。

（1）模式对话框：就是阻塞同一应用程序中其他可视窗口的输入对话框，即用户必须完成这个对话框中的交互操作，关闭了它之后才能访问应用程序中的其他任何窗口。

（2）非模式对话框：是和同一个程序中其他窗口操作无关的对话框。例如，文字处理软件中的查找和替换对话框通常是非模式的，其允许同时与应用程序主窗口和对话框进行交互。

（3）半模式对话框：是立即把控制返回给调用者的模式对话框。

程序设计中常用的对话框有：QColorDialog、QFileDialog、QFontDialog、QInputDialog、QMessageBox 等，都继承自 QDialog。

2. 常用成员函数

QDialog 常用的成员函数见表 5-2。

表 5-2 QDialog 常用的成员函数

成员函数名称	功　能
show ()	显示非模式或半模式对话框
exec ()	执行模式对话框

3. 颜色对话框 QColorDialog

颜色对话框类允许用户来选择颜色。常用的成员函数为：getColor()，用于返回用户选择的颜色。打开颜色对话框的代码如下：

```
colordialog=QColorDialog()            #建立对话框对象
colordialog.show()                    #显示对话框
selectcolor=colordialo.getColor()     #得到选择的颜色
```

4. 文件对话框 QFileDialog

QFileDialog 用于用户选择文件或者目录。常用的成员函数见表 5-3。

表 5-3 QFileDialog 常用的成员函数

成员函数名称	功　　能
getOpenFileName()	返回由用户选择的已经存在的文件
getOpenFileNames()	返回由用户选择的已经存在的一个或多个文件
getExistingDirectory()	返回由用户选择的已经存在的目录
setFilter ()	设置文件对话框中使用的过滤器
getSaveFileName()	文件保存

【例 5-4】文件对话框举例。

本例显示一个"对话框测试"按钮的窗体，单击此按钮，打开文件对话框，并分别显示出用户选择的文件夹、文件、读文件、文件保存。代码如下：

```
1    # -*- coding: utf-8 -*-
2    from PyQt5 import QtWidgets
3    from PyQt5.QtWidgets import QFileDialog
4
5    class MyWindow(QtWidgets.QWidget):
6        def __init__(self):
7            super(MyWindow,self).__init__()
8            self.myButton = QtWidgets.QPushButton(self)
9            self.myButton.setObjectName('myButton')
10           self.myButton.setText('对话框测试')
11           self.myButton.clicked.connect(self.msg)          #将单击信号连接msg槽函数
12
13       def msg(self):
14           directory1 = QFileDialog.getExistingDirectory(self,'选取文件夹', \
15                              'C:/')                         #起始路径
16                              print(directory1)
17                              fileName1, filetype =
18   QFileDialog.getOpenFileName(self,'选取文件', \
19                     'C:/','All Files (*);;Text Files (*.txt)')   #设置文件扩展名
20                              print(fileName1,filetype)
21                              files, ok1 = QFileDialog.getOpenFileNames(self,
22   '多文件选择','C:/', \
23                     'All Files (*);;Text Files (*.txt)')
24                              print(files,ok1)
25                              fileName2, ok2 = QFileDialog.getSaveFileName(self,
26   '文件保存', \
27                     'C:/','All Files (*);;Text Files (*.txt)')
28
29                   if __name__=='__main__':
30                       import sys
31                       app=QtWidgets.QApplication(sys.argv)
                         myshow=MyWindow()
                         myshow.show()
                         sys.exit(app.exec_())
```

5. 消息对话框 QMessageBox

QMessageBox 类提供一个有一条简短消息、一个图标和一些按钮的模式对话框，可以实现：

- 信息框：QMessageBox.information
- 问答框：QMessageBox.question
- 警告框：QMessageBox.warning
- 危险框： QMessageBox.ctitica
- 关于框： QMessageBox.about

其常用的成员函数见表 5-4。

表 5-4　QMessageBox 常用的成员函数

成员函数名称	功　能
text ()	返回被显示的消息框文本
setText()	设置被显示的消息框文本
setIcon ()	设置消息框的图标
setTextFormat()	设置消息框中被显示的文本的格式

例如：

```
#使用 information 信息框
Reply = QMessageBox.information(self,'标题','消息',
    MessageBox.Yes | QMessageBox.No)
```

上述代码的运行结果如图 5-15 所示。

6. 标准输入框 QInputDialog

图 5-15　消息框

QInputDialog 类提供了从用户那里得到一个单一值的简单方便的对话框，主要用于数据的输入。输入值可以是字符串、数字或者列表中的一项。其常用的成员函数见表 5-5。

表 5-5　QInputDialog 常用的成员函数

成员函数名称	功　能
getDouble()	返回用户输入的浮点数
getInteger()	返回用户输入的整数
getItem()	返回用户从一个字符串列表中选择项目
getText()	返回用户输入的字符串

例如：

```
#后面四个数字的作用依次是：初始值、最小值、最大值、小数点后位数
doubleNum,ok1 = QInputDialog.getDouble(self, '标题','计数:', 37.56, -10000, 10000, 2)
 #后面四个数字的作用依次是：初始值、最小值、最大值、步幅
 intNum,ok2 = QInputDialog.getInt(self, '标题','计数:', 37, -10000, 10000, 2)
 #第三个参数可选 有一般显示 (QLineEdit.Normal)、密码显示( QLineEdit. Password)与不回应文字输入
( QLineEdit. NoEcho)
 stringNum,ok3 = QInputDialog.getText(self, '标题','姓名:',QLineEdit.Normal, '王量')
 #1 为默认选中项目, True/False   列表框是否可编辑。
 items = ['Spring', 'Summer', 'Fall', 'Winter']
  item, ok4 = QInputDialog.getItem(self, '标题','Season:', items, 1, True)
  text, ok5 = QInputDialog.getMultiLineText(self, '标题', 'Address:', \
 '7 Northeast, Second Inner Ring , Shijiazhuang, Hebei,")
```

运行效果如图 5-16 所示。

图 5-16　QInputDialog 对话框

5.2.4　PyQt 输入控件

1. 文本编辑控件 QLineEdit、QTextEdit 和 QPlainTextEdit

QLineEdit 为单行文本框，允许用户输入和编辑一个单行文本；QTextEdit 是多行文本框，也可以显示 HTML 格式文本。其常用的成员函数见表 5-6。

表 5-6　QLineEdit 常用的成员函数

成员函数名称	功　　能
setText()	设置文本框的内容
text()	返回文本框的内容
selectedText ()	返回文本框中选择的文本

常用的文本编辑控件还包括：QPlainTextEdit 控件为文本编辑控件，QPlainTextEdit 控件处理能力比 QTextEdit 强，主要用于处理大文件。主要成员函数为：QPlainTextEdit()，用于设置编辑框中的文本。

2. QSpinBox 控件

QSpinBox 允许用户选择一个值，或者通过单击上下按钮来增加/减少当前显示的值。

3. 日期时间控件 QDateEdit、QTimeEdit 和 QDateTime

QDateEdit、QTimeEdit 控件为日期、时间编辑控件，QDateTime 包含日期时间控件。

4. 组合框控件 QComboBox

组合框由下拉按钮和列表框组成，用户可以选择或输入字符串。

几种常见的显示控件如图 5-17 所示。

图 5-17　几种常见的显示控件

5.2.5　按钮

1. 命令按钮 QPushButton

QpushButton 为命令按钮。按钮上可以通过 setText()成员函数设置显示的文本，通过 setPixmap()

成员函数设置显示的图像，也可以通过 setIcon()成员函数在按钮上显示一个图标。

2. 单选按钮 QRadioButton

QRadioButton 为单选按钮，通过 isChecked()成员函数判断按钮是否被选中(如果返回值为 True，则被选中，否则该按钮未被选中)，该按钮同样可以设置显示文本、图像及图标。为了实现"多选一"，可以将单选按钮放入"按钮组 QButtonGroup"控件中。

【例 5-5】编写程序实现两个数的"加减乘除"，界面如图 5-18 所示。

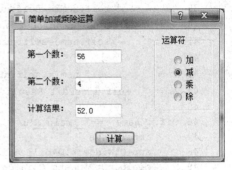

图 5-18　例 5-5 设计界面

程序主要代码如下：

```
1   # -*- coding: utf-8 -*-
2   from PyQt5 import QtCore, QtGui, QtWidgets
3
4   class Ui_Computer_Dialog(object):
5       def setupUi(self, Computer_Dialog):
6           Computer_Dialog.setObjectName('Computer_Dialog')
7           Computer_Dialog.resize(309, 188)
8           self.pushButton_compute = QtWidgets.QPushButton(Computer_Dialog)
9           self.pushButton_compute.setGeometry(QtCore.QRect(120, 150, 61, 21))
10          self.pushButton_compute.setObjectName('pushButton_compute')
11          .    #略
12          .    #略
13          .    #略
14
15          self.retranslateUi(Computer_Dialog)
16          self.pushButton_compute.clicked.connect(self.computer)        #连接信号与槽
17          QtCore.QMetaObject.connectSlotsByName(Computer_Dialog)
18
19      def retranslateUi(self, Computer_Dialog):
20          _translate = QtCore.QCoreApplication.translate
21          Computer_Dialog.setWindowTitle(_translate('Computer_Dialog', '简单加减乘除运算'))
22          self.pushButton_compute.setText(_translate('Computer_Dialog', '计算'))
23          self.groupBox.setTitle(_translate('Computer_Dialog', '运算符'))
24          self.radioButton_add.setText(_translate('Computer_Dialog', '加'))
25          self.radioButton_Subtrac.setText(_translate('Computer_Dialog', '减'))
26          self.radioButton_Multiply.setText(_translate('Computer_Dialog', '乘'))
27          self.radioButton_Divide.setText(_translate('Computer_Dialog', '除'))
28          self.label_num1.setText(_translate('Computer_Dialog', '第一个数：'))
29          self.label_2.setText(_translate('Computer_Dialog', '第二个数：'))
30          self.label_Result.setText(_translate('Computer_Dialog', '计算结果：'))
31
32      def computer(self):                                    #计算函数
33          self.num1=float(self.lineEdit_num1.text())         #取第一个文本框中的数
34          self.num2=float(self.lineEdit_num2.text())         #取第二个文本框中的数
35          self.num3=0.0
36          if self.radioButton_add.isChecked():               #如果选中的是'+'
```

```
37          self.num3=self.num1+self.num2
38      elif self.radioButton_Subtrac.isChecked():#        #如果选中的是'-'
39          self.num3= self.num1- self.num2
40      elif self.radioButton_Multiply.isChecked():        #如果选中的是'*'
41          self.num3=self.num1* self.num2
42      else:                                              #如果选中的是'/'
43          self.num3= self.num1/ self.num2
44      self.lineEdit_Result.setText(str( self.num3))  #将计算结果显示在文本框中
45
46  if __name__=='__main__':
47      import sys
48      app=QtWidgets.QApplication(sys.argv)
49      dialog=QtWidgets.QDialog()
50      ui=Ui_Computer_Dialog()
51      ui.setupUi(dialog)
52      dialog.show()
53      sys.exit(app.exec_())
```

3. 复选控件 QCheckBox

QCheckBox 和 QRadioButton 都是选项按钮。它们的区别是对用户选择的限制。单选按钮提供"多选一"的选择，而复选框提供的是"多选多"的选择。

5.2.6 显示控件

1. 标签 QLabel

QLabel 标签用于显示文本或图像信息。其常用的成员函数见表 5-7。

表 5-7 QLabel 常用的成员函数

成员函数名称	功　　能
setText()	设置标签显示的文本
setPixmap()	设置标签显示的图像
setNum()	设置标签显示一个整数或双精度数值

2. 进度条控件 QProgressBar 控件

QProgressBar 控件提供了一个水平或垂直进度条。用于给用户操作一个进度指示。用户可以通过 setRange()成员函数设置进度的最小值和最大值(取值范围)，也可使用 setMinimum()成员函数和 setMaximum()来单独设定。使用 setValue()成员函数用于设置当前的值，使用 reset()成员函数则会让进度条重新回到开始。

3. LED 显示控件 QLCDNumber

QLCDNumber 同 QLabel，用来显示信息，不过显示成员函数和显示效果不同。进度条和 LED 显示控件如图 5-19 所示。

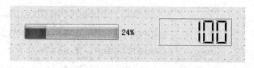

图 5-19 进度条和 LED 显示控件

5.2.7 表格控件

1. QTableView 控件

QTableView 用于以表格的形式显示数据。常用的成员函数见表 5-8。

表 5-8 QTableView 常用的成员函数

成员函数名称	功　能
setHorizontalHeaderItem()	设置表头
setItem()	动态添加行
sort()	数据排序
setColumnWidth()	设置列宽
setRowHeight()	设置行高
clear()	清除表格数据
rowCount()	获取表格中当前总行数
removeRow()	删除当前行
item()	获取表格数据

【例 5-6】利用 QTableView 显示数据。运行结果如图 5-20 所示。

程序代码如下：

```
1    width = 60 * 4
2    height = 60
3    # -*- coding: utf-8 -*-
4    from PyQt5.QtGui import *
5    from PyQt5.Qt import *
6    from PyQt5.QtCore import *
7    import sys
8    class table(QTableView):
9        def __init__(self,parnet=None,*args):
10           super(Tree,self).__init__(parnet,*args)
11           mode1=QStandardItemModel()               #创建 QStandardItemMode 对象
12           mode1.setColumnCount(2)                  #设置列数
13           mode1.setRowCount(2)                     #设置行数
14           mode1.setHeaderData(0,Qt.Horizontal,(u'姓名'))  #设置标题
15           mode1.setHeaderData(1,Qt.Horizontal,(u'成绩'))
16           self.setModel(mode1)                     #绑定模型
17           mode1.setItem(0,0,QStandardItem('张三'))  #设置模型的数据
18           mode1.setItem(0,1,QStandardItem('90'))
19           mode1.setItem(1,0,QStandardItem('李四'))
20           mode1.setItem(1,1,QStandardItem('80'))
21
22   app =QApplication(sys.argv)
23   table1= table()
24   table1.show()
25   sys.exit(app.exec_())
```

图 5-20　例 5-6 运行结果

说明：QTableView 用于显示数据，其数据来源于模型对象 QStandardItemMode；QTableView 中可以添加其他控件，例如：按钮、组合框、进度条等。

2. QTableWidget 控件

QtableWidget 继承于 QtableView。两者的区别是：QTableView 可以使用自定义的数据模型来显示内容（使用时先要通过 setModel 来绑定数据源），而 QTableWidget 则只能使用标准的数据模型。

QTableWidget 单元格数据是由 QTableWidgetItem 对象来实现的，因此使用 QTableWidget 就离不

开 QTableWidgetItem。QTableWidgetItem 用来表示表格中的其中一个单元格,整个表格都需要用逐个单元格对象 QTableWidgetItem 构建起来。

【例 5-7】利用 QtableWidget 显示数据。运行结果如图 5-21 所示。

图 5-21 例 5-7 运行结果

程序代码如下:

```
1    #coding=utf-8
2    from PyQt5.QtGui import *
3    from PyQt5.Qt import *
4    from PyQt5.QtCore import *
5    import sys
6    class MyDialog(QDialog):
7        def __init__(self, parent=None):
8            super(MyDialog, self).__init__(parent)
9            self.MyTable = QTableWidget(4,3)          #创建表格对象
10           self.MyTable.setHorizontalHeaderLabels(['姓名','性别','年龄'])
11           newItem = QTableWidgetItem('张三')          #添加显示项目
12           self.MyTable.setItem(0, 0, newItem)        #在表格的1行1列显示项目
13           newItem = QTableWidgetItem('男')
14           self.MyTable.setItem(0, 1, newItem)
15           newItem = QTableWidgetItem('20')
16           self.MyTable.setItem(0, 2, newItem)
17           layout = QHBoxLayout()
18           layout.addWidget(self.MyTable)
19           self.setLayout(layout)
20
21    app = QApplication(sys.argv)
22    myWindow = MyDialog()
23    myWindow.show()
24    sys.exit(app.exec_())
```

5.2.8 布局控件

QHBoxLayout、QVBoxLayout 和 QGridLayout 是基本的布局类,QHBoxLayout、QVBoxLayout 用于将窗体控件设置为水平或垂直布局。QGridLayout 将布局空间分隔为行和列,控件以网格形式布局。QGridLayout 是最常见的一种布局,如图 5-22 所示。

图 5-22 网格布局窗体

程序代码如下:

```
1    # -*- coding: utf-8 -*-
2    import sys
3    from PyQt5.QtWidgets import (QWidget, QLabel,
         QLineEdit, QTextEdit, QGridLayout,QApplication)
4
5    class Example(QWidget):
6        def __init__(self):
7            super().__init__()
8            self.initUI()
9
10       def initUI(self):
```

```
11          title = QLabel('标题')
12          author = QLabel('作者')
13          review = QLabel('内容简介')
14          titleEdit = QLineEdit()
15          authorEdit = QLineEdit()
16          reviewEdit = QTextEdit()
17          #创建网格布局
18          grid = QGridLayout()
19          grid.setSpacing(10)
20          #将控件放入相应的行列中
21          grid.addWidget(title, 1, 0)
22          grid.addWidget(titleEdit, 1, 1)
23          grid.addWidget(author, 2, 0)
24          grid.addWidget(authorEdit, 2, 1)
25          grid.addWidget(review, 3, 0)
26          grid.addWidget(reviewEdit, 3, 1, 5, 1)
27          self.setLayout(grid)
28          self.setGeometry(300, 300, 350, 300)
29          self.setWindowTitle('网格布局演示')
30          self.show()
31
32   if __name__ == "__main__":
33       app = QApplication(sys.argv)
34       ex = Example()
35       sys.exit(app.exec_())
```

5.3 编程实践

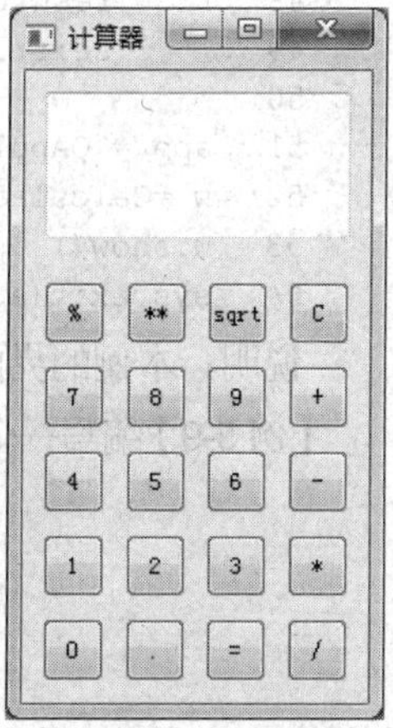

【例 5-8】编写一个简易计算器，实现"加、减、乘、除"及"乘方、开方"运算，界面如图 5-23 所示。

程序代码如下：

```
1    # -*- coding: utf-8 -*-
2    from PyQt5.QtGui import *
3    from PyQt5.Qt import *
4    from PyQt5.QtCore import *
5    import sys , math , string
6    class Calculator (QWidget):
7      def __init__(self,parent=None):
8        QWidget.__init__(self,parent=parent)
9        self.initUI()
10       self.last = []
11     def initUI(self):
12       list = ['%','**','sqrt','C',7,8,9,'+',4,5,6,'-',1,2,3,'*',0,'.','=','/']
13       length = len(list)
14       #动态创建按钮
15       for i in range(length):
16         self.button = QPushButton(str(list[i]),self)
17         #将按钮的 clicked 信号与 onButtonClick 函数连接
18         self.button.clicked.connect(self.onButtonClick)
19         x = i % 4
20         y = int(i / 4)
```

图 5-23 计算器

```
21          self.button.move(x * 40+10,y * 40+100)
22          self.button.resize(30,30)
23      #创建文本框
24      self.lineEdit =QLineEdit('',self)
25      self.lineEdit.move(10,10)
26      self.lineEdit.resize(150,70)
27      self.setGeometry(200, 200, 170, 300)
28      self.setWindowTitle('计算器')
29      self.show()
30
31   def onButtonClick(self):
32     t = self.lineEdit.text()                 #获取文本框文本
33     new = self.sender().text()               #获取按钮显示文本
34     self.last.append(new)
35     print(self.last)
36     self.lineEdit.setText(t+new)             #设置文本框的文本
37     if new == '=':                           #等号按钮
38       result = eval(str(t))                  #计算
39       self.lineEdit.setText(str(result))     #显示计算结果
40     if new == 'C':                           #清空按钮
41       self.lineEdit.setText('')
42     if new == 'sqrt':                        #开方按钮
43       self.lineEdit.setText('')
44       result = math.sqrt(string.atof(t))
45       self.lineEdit.setText(str(result))
46   if new == '**':                            #乘方按钮
47       self.lineEdit.setText('')
48       result = string.atof(t)**2
49       self.lineEdit.setText(str(result))
50
51 app = QApplication(sys.argv)
52 w =Calculator ()
53 w.show()
54 sys.exit(app.exec_())
```

说明：本例的界面也可以使用 Qt Designer 设计，然后将其转换为.py 文件。

【例 5-9】编写一个简易的文本编辑器，实现文件的打开、关闭、保存等操作，界面如图 5-24 所示。

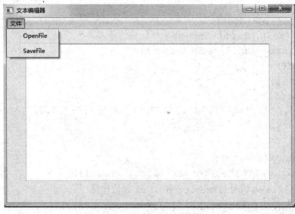

图 5-24 简易的文本编辑器

本例的界面使用 Qt Designer 设计，然后将其转换为.py 文件。
程序代码如下：

```
1    # -*- coding: utf-8 -*-
2    from PyQt5 import QtCore, QtGui, QtWidgets
3    import sys
4    from os.path import isfile
5    class Ui_MainWindow(object):
6        def setupUi(self, MainWindow):
7            MainWindow.setObjectName('MainWindow')
8            MainWindow.resize(596, 379)
9            self.centralwidget = QtWidgets.QWidget(MainWindow)
10           self.centralwidget.setObjectName('centralwidget')
11           self.textEdit = QtWidgets.QTextEdit(self.centralwidget)
12           self.textEdit.setGeometry(QtCore.QRect(40, 30, 511, 281))
13           self.textEdit.setObjectName('textEdit')
14           MainWindow.setCentralWidget(self.centralwidget)
15           self.menubar = QtWidgets.QMenuBar(MainWindow)
16           self.menubar.setGeometry(QtCore.QRect(0, 0, 596, 23))
17           self.menubar.setObjectName('menubar')
18           self.menu = QtWidgets.QMenu(self.menubar)
19           self.menu.setObjectName('menu')
20           MainWindow.setMenuBar(self.menubar)
21           self.statusbar = QtWidgets.QStatusBar(MainWindow)
22           self.statusbar.setObjectName('statusbar')
23           MainWindow.setStatusBar(self.statusbar)
24           self.actionOpenFile = QtWidgets.QAction(MainWindow)
25           self.actionOpenFile.setObjectName('actionOpenFile')
26           self.action = QtWidgets.QAction(MainWindow)
27           self.action.setObjectName('action')
28           self.actionSaveFile = QtWidgets.QAction(MainWindow)
29           self.actionSaveFile.setObjectName('actionSaveFile')
30           self.menu.addAction(self.actionOpenFile)
31           self.menu.addSeparator()
32           self.menu.addAction(self.actionSaveFile)
33           self.menubar.addAction(self.menu.menuAction())
34           self.retranslateUi(MainWindow)
35
36           self.actionOpenFile.triggered.connect(self.OpenFile)
37           self.actionSaveFile.triggered.connect(self.SaveFile)
38
39       def retranslateUi(self, MainWindow):
40           _translate = QtCore.QCoreApplication.translate
41           MainWindow.setWindowTitle(_translate('MainWindow', '文本编辑器'))
42           self.menu.setTitle(_translate('MainWindow', '文件'))
43           self.actionOpenFile.setText(_translate('MainWindow', 'OpenFile'))
44           self.action.setText(_translate('MainWindow', '-'))
45           self.actionSaveFile.setText(_translate('MainWindow', 'SaveFile'))
46
47       def SaveFile(self):    #保存文件
48           from os.path import isfile
49           if isfile(self.filename):
50               file = open(self.filename,'w')
51               file.write(self.textEdit.toPlainText())
52               file.close()
```

```
53
54      def OpenFile(self):    #打开文件操作
55          fd = QtWidgets.QFileDialog()
56          self.filename,self.type = fd.getOpenFileName()
57          #self.filename ='g:/n032.txt'
58          if isfile(self.filename):
59              file1 = open(self.filename,'r+')
60              text=file1.read()
61              self.textEdit.setText(text)
62
63  if __name__=='__main__':
64      app=QtWidgets.QApplication(sys.argv)
65      win=QtWidgets.QMainWindow()
66      ui=Ui_MainWindow()
67      ui.setupUi(win)
68      win.show()
69      sys.exit(app.exec_())
```

程序说明：程序第 1~45 行为.ui 文件转换为.py 文件后自动生成。其中 36、37 行将对应的菜单触发信号与相应的函数连接，完成菜单的单击动作。

5.4 习题

1. 单选题

（1）以下关于 Qt 的描述不正确的是（　　）。

　　A. Qt 支持 2D 图形渲染　　　　　　　　B. Qt 支持 3D 图形渲染

　　C. Qt 支持 OpenGL　　　　　　　　　　D. Qt 不支持 XML

（2）以下关于 Qt 的描述不正确的是（　　）。

　　A. 是面向嵌入式系统的 Qt 版本

　　B. 是 Qt 的嵌入式窗口

　　C. 基于 Windows 平台的开发工具

　　D. 是完整的自包含 C++ GUI 的开发工具

（3）Qt 内部对字符集的处理采用（　　）标准。

　　A. UNICODE　　　　B. ASCII　　　　C. GB2312　　　　D. ISO 8859-1

（4）以下关于 Qt 信号和槽的描述正确的是（　　）。

　　A. 用于 SOCKET 网络通信　　　　　　B. 用于 UDP 网络通信

　　C. 用于对象间通信　　　　　　　　　　D. 用于串口通信

（5）以下关于 Qt 信号/槽的叙述不正确的是（　　）。

　　A. 信号与槽通过 connected 函数任意相连

　　B. 信号/槽机制在 QObject 类中实现

　　C. 从 QWidget 类继承的所有类可以包含信号和槽

　　D. 当对象状态变化时信号被发送，对象不关心是否有其他对象接收到该信号

（6）以下关于 Qt 槽的描述正确的是（　　）。

　　A. 槽具有 public 和 protected 2 个类

B. protected slots 表示只有该类的子类的信号才能连接

C. 槽是普通成员函数

D. 不能有 private slots

（7）以下关于 Qt 属性的叙述不正确的是（　　）。

A. 基于元对象系统

B. 在类声明中用宏声明

C. 属性不是一个类的成员

D. 属性只能在继承于 QObject 的子类中声明

（8）关于 Qt 布局功能的叙述，以下正确的是（　　）。

A. 在布局空间中布置子窗口部件

B. 设置子窗口部件间的空隙

C. 管理在布局空间中布置子窗口部件

D. 以上都对

（9）Qt 布局窗口部件包括（　　）。

A. QHBox　　　　B. QVBox　　　　C. QGrid　　　　D. 以上全有

（10）Qt 中返回消息框（QMessageBox)中的文本所用的成员函数是（　　）。

A. text()　　　　B. setText()　　　　C. setIcon()　　　　D. getText()

（11）Qt 中用于操作文件的类是（　　）。

A. QFile　　　　B. QDir　　　　C. QFileDialog　　　　D. QLibrary

（12）Qt 中用于实现网格布局的类是（　　）。

A. QHBoxLayout　　　　B. QVBoxLayout　　　　C. QGridLayout　　　　D. QGroupBox

（13）Qt 中提供弹出菜单的类是（　　）。

A. QPopupMenu　　　　B. QMenu　　　　C. QGuardedPtr　　　　D. QMenuBar

（14）Qt 中提供了一个有标题的组合框的类是（　　）。

A. QHBoxLayout　　　　B. QVBoxLayout　　　　C. QGridLayout　　　　D. QGroupBox

（15）QSqlQuery 类提供了一种执行和操纵 SQL 语句的方式，其中提供执行 SQL 语句的成员函数是（　　）。

A. QSqlQuery()　　　　B. exec ()　　　　C. isSelect ()　　　　D. lastQuery ()

（16）QDate 类中能够返回当前日期的成员函数是（　　）。

A. QDate()　　　　B. currentDate ()　　　　C. day ()　　　　D. daysTo ()

（17）QDir 类中返回所需的文件夹中文件数量的成员函数是（　　）。

A. QDir ()　　　　B. absPath ()

C. count ()　　　　D. currentDirPath ()

（18）QPixmap 类中用于加载图像的成员函数是（　　）。

A. load ()　　　　B. save ()　　　　C. loadFromData ()　　　　D. fill ()

2. 填空题

（1）信号和槽机制是 Qt 的核心机制，一个信号可以连接_____个槽。

（2）滑动条 QSlider 类中用于设置滑动条的值的成员函数是_____；用于设置最小值的成员函

数是_____；用于设置最大值的成员函数是_____。

（3）颜色对话框 QColorDialog 类中用于返回用户指定一个颜色的成员函数是_____。

（4）用于从图像文件中向 QIcon 对象添加图像的成员函数是_____。

（5）QWidget 类代表一般的窗口，用于设置窗口标题的成员函数是_____；显示窗口的成员函数是_____；用于隐藏窗口的成员函数是_____。

（6）QDialog 类代表对话框。对话框有模态和_____两种形式。

（7）QCheckBox 类代表复选钮，用于判断其状态的成员函数是_____。

（8）QLineEdit 类代表单行文本框，用于设置文本框显示内容的成员函数是_____。

（9）QTabWidget 类用于多页面切换，向 QTabWidget 中添加第一个页面的成员函数是_____。

（10）QComboBox 类代表下拉列表框（组合框），用于返回下拉列表框选择内容的成员函数是_____。

3．编程题

（1）利用 PyQt 设计图 5-25 所示的界面，并编写程序，实现对文本框中的内容进行字体、字号、颜色的设置。单击"设置字体"按钮，打开"字体"对话框，设置文本框中的字体；单击"设置颜色"按钮，打开"颜色"对话框，设置文本框中文本的颜色。

图 5-25　文本框设置界面

（2）查阅 PyQt 相关的资料，编写程序分别实现图 5-26 所示的两种时钟。

图 5-26　时钟界面

（3）利用 Qt Designer 设计一个通信录管理程序界面，如图 5-27 和图 5-28 所示。

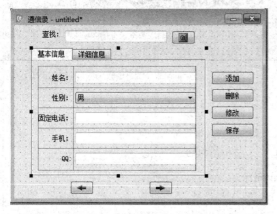

图 5-27　通信录界面 1

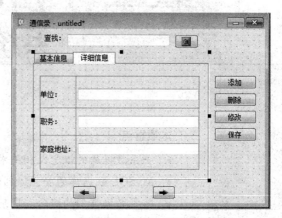

图 5-28　通信录界面 2

第6章 Python数据库及文件系统

本章重点

- 关系数据库的概念及相关术语
- MySQL 数据库的安装、创建和删除
- 常见数据类型的概念和区别
- 数据表的创建、编辑、删除操作
- 数据的插入、修改、删除操作
- 使用 select 查询数据
- Python 中访问 MySQL 语句
- Python 中文件的访问及操作

本章难点

- 数据表的创建、编辑、删除操作
- 数据的插入、修改、删除操作
- 使用 select 查询数据
- Python 中访问 MySQL 语句
- 文件的读写操作

随着计算机技术和网络技术的发展,数据库技术的应用范围日益扩大。Python 在数据库方面提供了强大的功能和丰富的工具,利用 Python 可以方便、快速地开发出数据库应用系统。本章将介绍数据库的基本知识、数据库的操作方法、结构查询语言(MySQL)及 Python 数据控件等访问数据库的方法以及文件的相关知识及基本操作。

6.1 数据库技术基础

数据库技术是计算机科学的重要分支,数据库应用成为当今计算机应用的主要领域之一。在学习 Python 访问数据库之前,首先介绍数据库的基本概念和基本知识。

6.1.1 数据库基本概念

1. 数据库

数据库(Data Base,DB)是指存放数据的仓库,即以一定的组织方式存储在一

起、能够为多个用户共享、独立于应用程序的相互关联的数据集合。数据库有以下几个特点：数据结构化、数据共享、数据独立性。

2. 数据库管理系统

数据库管理系统（Data Base Management System，DBMS）是管理数据库资源的系统软件。主要功能是对数据库进行定义、操作、控制和管理。目前比较流行的 DBMS 有 MySQL、Oracle、Sybase、Informix、MS SQL Server、Visual FoxPro 和 Microsoft Access 等。

3. 数据库系统

数据库系统（Data Base System，DBS）是指在计算机系统中引入数据库后的系统，一般由数据库，数据库管理系统，支持数据库运行的软、硬件环境以及用户和数据库管理员构成。数据库系统实现了有组织地、动态地存储大量关联数据，方便了多用户访问计算机软、硬件和数据资源。

6.1.2 关系数据库

根据数据模型，数据库可以分为层次数据库、网状数据库和关系数据库。关系数据库是目前各类数据库中最重要、最流行的数据库，也是目前使用最广泛的数据库系统。本章主要讨论的是关系数据库。

1. 关系数据库的概念

按关系模型组织和建立的数据库称为关系数据库。关系数据模型的逻辑结构是一张二维表，它由行和列组成，如表 6-1 所示。一个关系数据库由若干个数据表组成，一个数据表又由若干个记录组成，而每个记录又是由若干个以字段属性加以分类的数据项组成。

表 6-1 学生基本信息表

学　　号	姓　　名	性　　别	年　　龄	班　　级
20170101	王鹏	男	18	计 1701
20170102	陈红芳	女	19	计 1701
20170201	何春玲	女	19	计 1702
20170202	李晓峰	男	18	计 1702

2. 关系数据库的基本术语

（1）数据表（Table）。数据表简称表，由一组数据记录组成。数据库中的数据是以表为单位进行组织的。一个表是一组相关的、按行排列的数据。

（2）记录（Record）。每张数据表由若干行和列构成，其中每一行为一个记录。例如表 6-1 中包括四条记录。表中不允许出现完全相同的记录，但记录出现的先后次序可以任意。

（3）字段（Field）。数据表中的每一列称为一个字段，列的名字称为字段名。数据表各字段名互不相同。列出现的顺序也可以是任意的，但同一列中的数据类型必须相同。

（4）关键词（Keyword）。关系数据库中可以将某个字段或某些字段的组合定义为关键词。能够唯一区分、确定不同记录的关键词为主关键词（Primary Key）。例如在表 6-1 的学生基本信息表中，"学号"能作为唯一确定学生的关键词，而"性别"则不能作为唯一确定学生的关键词。如果关键词用于连接另一个表格，并且在另一个表中为主关键词，就称此关键词为外部关键词（Foreign Key）。

（5）索引（Index）。索引实际上是一种特殊的表，其中含有关键词字段的值和指向实际位置的指针。在检索数据时，数据库管理程序首先从索引文件上找到信息的位置，再从表中读取数据，因此使用索引可以大大提高检索速度。

6.1.3 数据库应用系统的开发步骤

在利用 Python 进行数据库开发之前，应该首先了解数据库应用系统的开发步骤。

1. 应用系统的需求分析

在系统进行开发之前，开发人员应该确定系统的综合要求，包括系统的功能要求、系统的性能要求、系统的运行要求、系统的其他要求等四个方面。功能要求包括划分并描述系统必须完成的所有功能；性能要求包括响应时间、数据精确度及适应性方向的要求；运行要求主要是对系统运行时软件、硬件环境及接口的要求；其他要求包括安全保密性、可靠性、可维护性等要求。

2. 软件设计

软件设计大体上可以分为两个部分：总体设计（也称概要设计）阶段和详细设计阶段。

总体设计主要包括：设计供选择的系统实现方案，并选择确定最佳方案；软件模块的结构设计；数据库的设计；制订测试计划等。其中数据库设计是系统开发过程中非常重要的一个阶段，数据库设计的好坏直接影响了项目开发的复杂程度和系统的执行效率，在进行数据库设计时应根据应用背景和需求分析的结果，确定数据库存放哪些用户数据、数据如何存放、数据的关联、数据的安全性和一致性规则等。

详细设计主要包括：为每个模块确定采用的算法，并用适当的工具表达算法的过程，给出详细的描述；确定每一模块使用的数据结构和模块接口的细节，包括内部接口、外部接口、模块的输入、输出及局部数据等；为每个模块设计一组测试用例，以使在编码阶段对模块代码进行预定的测试等。

3. 编写应用程序

软件编程是根据各个子系统和功能模块的功能，选择合适的编程工具，把软件设计转换成计算机可以接受的程序代码，即写成以某种程序设计语言表示的"源程序清单"。

4. 测试和优化应用程序

为了保证所开发的系统的可靠性，需要对系统测试。系统测试的主要任务是根据软件开发各阶段的文件数据和程序的内部结构，精心设计测试用例，找出软件中潜在的各种错误缺陷，并加以修改。此项工作经常需要反复多次。

5. 发行数据库和应用程序

以上所有的工作都完成后，编写应用系统的联机帮助程序和用户指南等软件文件，发行数据库和应用程序，完成系统的开发。

6.2 MySQL 数据库

MySQL 是一个小型关系数据库管理系统，与其他大型数据库管理系统（例如 Oracle、DB2、SQL Server 等）相比，MySQL 规模小、功能有限，但是它体积小、速度快、成本低，且它提供的功能对稍微复杂的应用来说已经够用，这些特性使得 MySQL 成为世界上最受欢迎的开放源代码数据库。

6.2.1 数据库安装

1. 安装 MySQL 数据库

Windows 平台下提供两种安装方式：MySQL 二进制分发版（.msi 安装文件）和免安装版（.zip 压缩文件）。一般来讲，应当使用二进制分发版，因为该版本比其他的分发版使用起来要简单，不再需要其他工具来启动就可以运行 MySQL。本文以 MySQL 安装文件 mysql-5.5.55-win32.msi 为例，讲解其安装过程。

（1）双击运行下载后的程序，显示图 6-1 所示的对话框。

（2）在图 6-1 中单击"Next"按钮，显示图 6-2 所示的对话框。

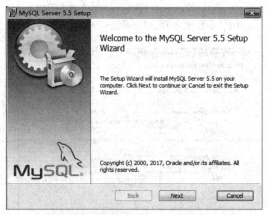

图 6-1　开始运行 MySQL 安装向导

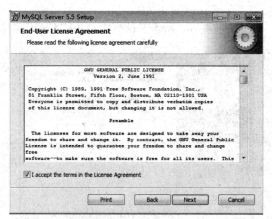

图 6-2　询问是否接受协议

（3）在图 6-2 所示对话框中单击"Next"按钮，弹出图 6-3 所示的选择安装类型对话框。

（4）在图 6-3 所示对话框中单击"Typical"按钮，显示图 6-4 所示的对话框。

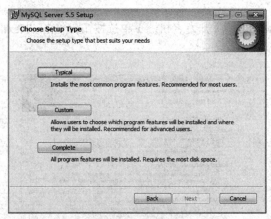

图 6-3　选择安装类型

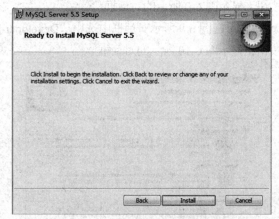

图 6-4　确认前面各选择步骤的对话框

（5）在图 6-4 所示对话框中单击"Install"安装按钮开始安装，安装进度对话框如图 6-5 所示。

（6）在图 6-5 所示对话框中单击"Next"按钮后，显示图 6-6 所示的对话框。

（7）在图 6-6 所示对话框中选中"Launch the MySQL Instance Configuration Wizard"复选框，单击"Finish"按钮，显示图 6-7 所示的对话框。

图 6-5　MySQL 安装进度对话框

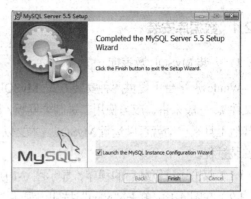
图 6-6　安装完成对话框

（8）在图 6-7 所示对话框中单击"Next"按钮，显示图 6-8 所示的对话框。

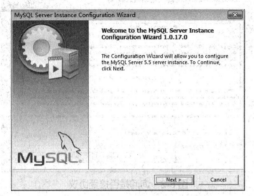
图 6-7　开始对 MySQL 数据库进行配置

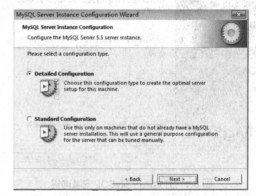
图 6-8　选择使用哪种配置方式

（9）在图 6-8 所示对话框中选中"Detailed Configuration"（详细配置）单选按钮，单击"Next"按钮，显示图 6-9 所示的对话框。

（10）在图 6-9 所示对话框中选中"Developer Machine"（开发者机器）单选按钮，单击"Next"按钮，显示图 6-10 所示的对话框。

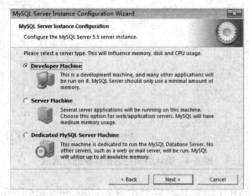
图 6-9　选择服务器类型

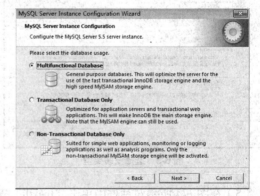
图 6-10　选择数据库类型

（11）在图 6-10 所示对话框中选中"Multifunctional Database"（多功能数据库）单选按钮，单击"Next"按钮，打开图 6-11 所示的对话框。

（12）在图 6-11 所示对话框中使用默认设置，单击"Next"按钮，打开图 6-12 所示的对话框。

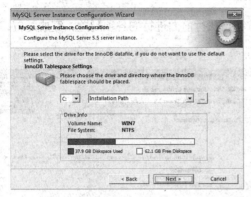

图 6-11　选择 InnoDB 表空间保存位置

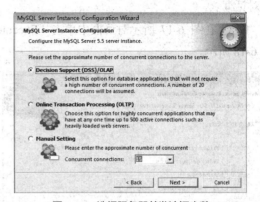

图 6-12　选择服务器并发访问人数

（13）在图 6-12 所示对话框中使用默认设置，单击"Next"按钮，打开图 6-13 所示的对话框。
（14）在图 6-13 所示对话框中使用默认设置，单击"Next"按钮，打开图 6-14 所示的对话框。

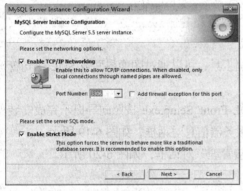

图 6-13　设置端口号和服务器 SQL 模式

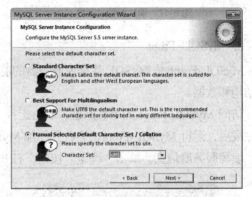

图 6-14　设置默认的字符集

（15）在图 6-14 所示对话框中选中"Manual Selected Default Character Set/Collection"单选按钮，设置字符集编码为 utf-8，单击"Next"按钮，打开图 6-15 所示的对话框。
（16）在图 6-15 所示对话框中，选中"Install As Windows Service"和"Include Bin Directory in Windows PATH"复选框，单击"Next"按钮，打开图 6-16 所示的对话框。

图 6-15　针对 Windows 系统进行的设置

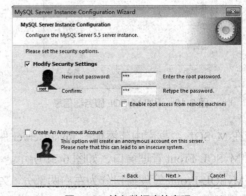

图 6-16　输入数据库的密码

（17）在图 6-16 所示对话框中输入数据库的密码"123"，单击"Next"按钮，打开图 6-17 所示的对话框。

（18）在图 6-17 所示对话框中单击"Execute"按钮，执行前面进行的各项配置，完成配置，如图 6-18 所示。

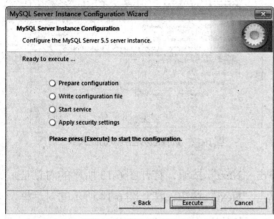

图 6-17　确认配置对话框　　　　　　　　　图 6-18　完成配置

2. MySQL-Front

MySQL-Front 是 MySQL 数据库服务器的前端管理工具，可以通过图像界面或 SQL 语句管理数据结构和数据。

访问 MySQL-Front 的下载网址，双击运行 MySQL-Front_Setup.exe 按照向导提示完成安装。安装完成后，运行 MySQL-Front，会打开添加 MySQL 服务器信息对话框，如图 6-19 所示。

填写服务器信息，单击"确定"按钮，打开"连接管理"对话框，如图 6-20 所示。

图 6-19　添加 MySQL 服务器信息　　　　　图 6-20　"连接管理"对话框

在 MySQL 数据库中新添加的 mysqlserver 服务器，选中 mysqlserver，单击"打开"按钮，即可打开 MySQL-Front 管理窗口，如图 6-21 所示。

MySQL-Front 管理窗口分为左右两部分。左侧窗格显示数据库服务器、数据库、数据库对象树结构，右侧窗格可以用来显示数据库对象的结构信息、数据信息和用来执行 SQL 语句。

第 6 章 Python 数据库及文件系统

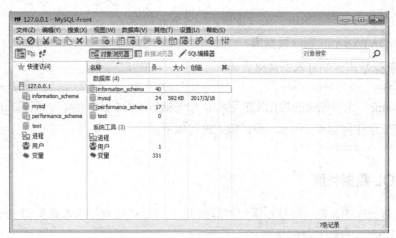

图 6-21　MySQL-Front 管理窗口

6.2.2　创建数据库

创建数据库是在系统磁盘上划分一块区域用于数据的存储和管理。如果管理员在设置权限的时候为用户创建了数据库，则可以直接使用。否则，需要自己创建数据库。创建数据库可以在 MySQL-Front 中通过图形用户界面创建，也可使用命令行工具创建。

1. MySQL-Front 中创建数据库

在 MySQL-Front 的左侧窗格中用鼠标右键单击一个数据库服务器节点，在快捷菜单中依次选择"新建"→"数据库"命令，打开"新建数据库"对话框，如图 6-22 所示。

在"名称"文本框中输入新数据库的名称，如 student_db；然后选择数据库使用的字符集和字符集校对，这里选择 gb2312 和 gb2312_chinese_ci。

2. CREATE DATABASE 语句创建数据库

MySQL 中创建数据库的基本 SQL 语法格式为
`CREATE DATABASE database_name;`

"database_name"为要创建的数据库的名称，该名称不能与已经存在的数据库重名。

图 6-22　MySQL-Front 中创建数据库

【例 6-1】创建学生数据库 student_db，输入语句如下：
`CREATE DATABASE student_db;`

6.2.3　删除数据库

删除数据库是将已经存在的数据库从磁盘空间上清除，清除之后，数据库中的所有数据也一同被删除。删除数据库语句和创建数据库的命令相似，可以在 MySQL-Front 中通过图形用户界面删除，也可以使用 SQL 语句删除。

1. MySQL-Front 删除数据库

在 MySQL-Front 的左侧窗格中用鼠标右键单击要删除的数据库节点，在快捷菜单中选择"删除"

119

命令，在弹出的确认对话框中单击"是"按钮，即可删除数据库。

2. DROP DATABASE 删除数据库

MySQL 中删除数据库的基本语法格式为：
`DROP DATABASE database_name;`

"database_name"为要删除的数据库的名称，如果指定的数据库不存在，则删除出错。

【例 6-2】删除学生数据库 student_db，输入语句如下：
`DROP DATABASE student_db;`

6.2.4 MySQL 数据类型

在 MySQL 数据库中，每一条数据都有其数据类型。MySQL 支持的数据类型主要分成 3 类：数值类型、字符串类型、日期和时间类型。

1. 数值类型

MySQL 支持所有的 ANSI/ISO SQL 92 数字类型。这些类型包括准确数字的数据类型（NUMERIC、DECIMAL、INTEGER 和 SMALLINT），还包括近似数字的数据类型（FLOAT、REAL 和 DOUBLE PRECISION）。其中的关键词 INT 是 INTEGER 的同义词，关键词 DEC 是 DECIMAL 的同义词。

数字类型总体可以分成整型和浮点型两类，如表 6-2 和表 6-3 所示。

表 6-2 整型数据类型

数据类型	取值范围	说　　明	单　　位
TINYINT	符号值：-127~127　无符号值：0~255	最小的整数	1 字节
BIT	符号值：-127~127　无符号值：0~255	最小的整数	1 字节
BOOL	符号值：-127~127　无符号值：0~255	最小的整数	1 字节
SMALLINT	符号值：-32768~32767 无符号值：0~65535	小型整数	2 字节
MEDIUMINT	符号值：-8388608~8388607 无符号值：0~16777215	中型整数	3 字节
INT	符号值：-2147683648~2147683647 无符号值：0~4294967295	标准整数	4 字节
BIGINT	符号值：-9223372036854775808~9223372036854775807 无符号值：0~18446744073709551615	大型整数	8 字节

表 6-3 浮点型数据类型

数据类型	取值范围	说　　明	单　　位
FLOAT	+(-)3.402823466E+38	单精度浮点数	8 或 4 字节
DOUBLE	+(-)1.7976931348623157E+308 +(-)2.2250738585072014E-308	双精度浮点数	8 字节
DECIMAL	可变	一般整数	自定义长度

2. 字符串类型

字符串类型可以分为以下 3 类：普通的字符串类型（CHAR 和 VARCHAR）、可变类型（TEXT 和 BLOB）和特殊类型（SET 和 ENUM）。它们之间都有一定的区别，取值范围的不同，应用的地方也不同。

（1）普通的字符串类型，即 CHAR 和 VARCHAR 类型。CHAR 类型的长度被固定为创建表所声明的长度，取值在 1~255 之间；VARCHAR 类型的值是变长的字符串，取值和 CHAR 一样。普通的字符串类型如表 6-4 所示。

表 6-4　普通的字符串类型

类　　型	取值范围	说　　明
[national] char(M) [binary|ASCII|Unicode]	0~255 个字符	固定长度为 M 的字符串，其中 M 的取值范围为 0~255。national 关键字指定了应该使用的默认字符集。binary 关键字指定了数据是否区分大小写（默认是区分大小写的）。ASCII 关键字指定了在该列中 latin1 字符集。Unicode 关键字指定了使用 UCS 字符集
char	0~255 个字符	与 char(M)类似
[national] varchar(M) [binary]	0~255 个字符	长度可变，其他和 char(M)类似

（2）TEXT 和 BLOB 类型。它们的大小可以改变，TEXT 类型适合存储长文本，而 BLOB 类型适合存储二进制数据，支持任何数据，如文本、声音和图像等。TEXT 和 BLOB 类型如表 6-5 所示。

表 6-5　TEXT 和 BLOB 类型

类　　型	最大长度（字节数）	说　　明
TINYBLOB	$2^8-1(225)$	小 BLOB 字段
TINYTEXT	$2^8-1(225)$	小 TEXT 字段
BLOB	$2^{16}-1(65535)$	常规 BLOB 字段
TEXT	$2^{16}-1(65535)$	常规 TEXT 字段
MEDIUMBLOB	$2^{24}-1(16777215)$	中型 BLOB 字段
MEDIUMTEXT	$2^{24}-1(16777215)$	中型 TEXT 字段
LONGBLOB	$2^{32}-1(4294967295)$	长 BLOB 字段
LONGTEXT	$2^{32}-1(4294967295)$	长 TEXT 字段

（3）特殊类型 SET 和 ENUM。特殊类型 SET 和 ENUM 的介绍如表 6-6 所示。

表 6-6　SET 和 ENUM 类型

类　　型	最大值	说　　明
set("value1","value2",…)	64	该类型的列可以容纳一组值或为 NULL
enum("value1","value2",…)	65535	该类型的列只可以容纳所列值之一或为 NULL

3. 日期和时间类型

日期和时间类型包括：DATETIME、DATE、TIMESTAMP、TIME 和 YEAR。其中每种类型都有其取值范围，若赋予它一个不合法的值，将会被 "0" 代替。日期和时间数据类型如表 6-7 所示。

表 6-7　日期和时间数据类型

类　　型	取值范围	说　　明
DATE	1000-01-01　9999-12-31	日期，格式 YYYY-MM-DD
TIME	-838:58:59　835:59:59	时间，格式 HH:MM:SS
DATETIME	1000-01-01　00:00:00 9999-12-31　23:59:59	日期和时间，格式 YYYY-MM-DD HH:MM:SS
TIMESTAMP	1970-01-01　00:00:00 2037 年的某个时间	时间标签，在处理报告时使用的显示格式取决于 M 的值
YEAR	1901~2155	年份可指定两位数字和四位数字的格式

在 MySQL 中，日期的顺序是按照标准的 ANSISQL 格式进行输出的。

6.2.5 创建表

数据表属于数据库,在创建数据表之前,应该使用语句"USE<数据库名>"指定操作是在哪个数据库中进行。如果没有选择数据库,则会抛出"No database selected"的错误。创建表操作可以在MySQL-Front中通过图形界面创建,也可以使用 SQL 语句创建。

1. MySQL-Front 中创建表

在MySQL-Front的左侧窗格中用鼠标右键单击要创建表的数据库节点,在快捷菜单中依次选择"新建"→"表格"命令,打开"添加表"对话框,如图 6-23 所示。

在"名称"文本框中输入要创建的表名,选择数据库使用的字符集和字符集校对,单击"确定"按钮,在左侧窗格中即可看到新建的数据表,如图 6-24 所示。

图6-23 添加表

右键单击右侧窗格中的字段列表,在快捷菜单中依次选择"新建"→"表格",打开添加字段对话框,如图 6-25 所示。

图 6-24 查看和管理表结构　　　　图 6-25 添加字段

2. CREATE TABLE 语句创建表

创建数据表的语句为 CREATE TABLE,语法规则如下:
```
CREATE TABLE <表名>
(
字段名1, 数据类型[列级别约束条件] [默认值],
字段名2, 数据类型[列级别约束条件] [默认值],
……
[表级别约束条件]
);
```
使用 CREATE TABLE 创建表时,必须指定以下信息:
要创建表的名称,不区分大小写,不能使用 SQL 语言中的关键字。

数据表中每一个列(字段)的名称指定一个数据类型,若创建多个列,要用逗号隔开。

【例 6-3】学生基本信息表的结构如表 6-8 所示。

表 6-8 学生基本信息表结构

字段说明	字段名	字段类型	字段长度
学号	ID	字符	8
姓名	Name	字符	10
性别	Sex	字符	2
年龄	Age	数值	
班级	Class	字符	20

选择创建表的数据库,SQL 语句如下:
```
USE student_db ;
```
创建学生基本信息表 student,SQL 语句如下:
```
CREATE TABLE student
(
id       INT(8) ,
name     VARCHAR(10) ,
sex      VARCHAR (2) ,
age      INT ,
class    VARCHAR (20)
) ;
```
语句执行后,数据库中即存在学生基本信息数据表。

6.2.6 编辑查看表

1. 查看数据表

对于一个创建成功的数据表,可以使用 SHOW COLUMNS 语句或 DESCRIBE 语句查看指定数据表的表结构。以下分别对这两个语句进行介绍。

(1) SHOW COLUMNS 语句

SHOW COLUMNS 语句的语法:
```
SHOW [FULL] COLUMNS FROM 数据表名 [FROM 数据库名] ;
```
或写成
```
SHOW [FULL] COLUMNS FROM 数据表名.数据库名 ;
```

(2) DESCRIBE 语句

DESCRIBE 语句的语法:
```
DESCRIBE 数据表名 ;
```
其中,DESCRIBE 可以简写成 DESC。在查看表结构时,也可以只列出某一列的信息。
其语法格式如下:
```
DESCRIBE 数据表名 列名 ;
```

2. 编辑数据表

(1) 重命名表名

MySQL 是通过 RENAME TABLE 语句来实现表名的修改的,具体的语法格式如下:
```
RENAME TABLE <旧表名> TO <新表名> ;
```

【例6-4】将数据表 student 改名为 st_student。
```
RENAME TABLE student TO st_student ;
```
（2）修改表

修改表结构使用 ALTER TABLE 语句。修改表结构指增加或者删除字段、修改字段名称或者字段类型、设置取消主键外键、设置取消索引以及修改表的注释等。语法规则如下：
```
ALTER[IGNORE] TABLE <表名> alter_spec[ , alter_spec] ;
```
其中，ALTER TABLE 语句允许指定多个动作，动作间使用逗号分离，每个动作表示对表的一个修改。

【例6-5】添加一个新的字段 email，类型为 VARCHAR(30)，not null，将字段 Name 的数据类型由 VARCHAR(10)修改为 VARCHAR(20)。
```
ALTER TABLE st_student ADD email VARCHAR (30) NOT NULL , MODIFY Name VARCHAR(20) ;
```

6.2.7 删除表

删除数据表的操作很简单，同删除数据库的操作类似，使用 DROP TABLE 语句即可实现。语法如下：
```
DROP TABLE 数据表名 ;
```
【例6-6】删除数据表 st_student。
```
DROP TABLE st_student ;
```
在删除数据表的过程中，删除一个不存在的表将会产生错误，如果在删除语句中加 IF EXISTS 关键字就不会出错了。语法格式如下：
```
drop table if exists ;
```

6.2.8 插入数据

格式：
```
INSERT
INTO <表名> [<字段1>[,<字段2>]……]
VALUES(<常量1>[,<常量2>]……)
```
功能：将新记录插入指定表中。

说明：

（1）新记录的字段1的值为常量1，字段2的值为常量2，……。

（2）INTO 子句中没有出现的属性列，新记录在这些列上将取空值。但定义表时说明了 NOT NULL 的字段列不能取空值，否则会出错。

（3）如果 INTO 子句中没有指明任何列名，则新插入的记录必须在每个字段上均有值。

【例6-7】将一个新学生记录（学号：20110301、姓名：王娜、性别：女、年龄：19、班级：文1101）插入"学生"表中的 SQL 语句。
```
INSERT INTO 学生 VALUES('20110301','王娜','女',19,'文1101')
```

6.2.9 修改数据

格式：
```
UPDATE <表名>
```

```
SET<列名>=<表达式>[,<列名>=<表达式>]......
[WHERE<条件>]
```

功能：用 SET 子句中给出<表达式>的值，修改指定表中满足 WHERE 子句条件的记录中相应的字段值。如果省略 WHERE 子句，则表示要修改表中所有的记录。

【例 6-8】将学号为"20110101"学生的班级改为"计 1702"。

```
UPDATE 学生 SET 班级 ='计1702' WHERE 学号='20170101'
```

【例 6-9】修改多条记录，将所有学生的年龄加 1。

```
UPDATE 学生 SET 年龄= 年龄 + 1
```

6.2.10 删除数据

格式：
```
DELETE
FROM<表名>
[WHERE<条件>]
```

功能：DELETE 语句从指定表中删除满足 WHERE 子句条件的所有记录。

说明：

（1）如果省略 WHERE 子句，表示删除表中的全部数据记录，注意不是删除表，表的结构定义仍在数据库中。

（2）DELETE 删除的是基本表中的数据，而非表的结构。

（3）WHERE 子句中可插入子查询。

【例 6-10】删除所有学生的选课记录的 SQL 语句。

```
DELETE FROM 选课
```

【例 6-11】删除学号为"20170101"学生记录的 SQL 语句。

```
DELETE FROM 学生 WHERE 学号= '20170101'
```

6.2.11 使用 SELECT 查询数据

在众多的 SQL 命令中，SELECT 语句应该算是使用最频繁的。SELECT 语句主要用来对数据库进行查询并返回符合用户查询标准的结果数据。

格式：
```
SELECT [ DISTINCT]〈字段列表〉
FROM 〈表名〉
[WHERE <条件表达式>]
[GROUP BY〈列名〉]
[ORDER BY〈列名〉][ASC|DESC]
```

功能：从指定的基本表或视图中，找出满足条件的记录，并对查询结果进行分组、统计、排序。

说明：

（1）〈字段列表〉可以是表的字段，也可以用"*"表示。如用"*"，则查询结果包含表的所有字段列。选项 DISTINCT 表示查询结果如有重复行的话，则去掉重复记录。

（2）FROM 子句给出要查找的数据来自哪些表或视图。

（3）WHERE 子句的<条件表达式>，给出对表或视图中记录的查询条件。

（4）GROUP BY 子句给出按<列名>的值进行分组，该列值相等的分为一组。利用此功能可以实现数据的分组统计。

（5）ORDER BY 子句的作用是把查询结果按<列名>排序。ASC 和 DESC 分别表示升序和降序，默认为升序。

以下是 SELECT 查询语句举例。

设有以下四个反映学生选课和教师上课的基本表：

  学生(学号，姓名，性别，年龄，班级，家庭地址)
  教师(工号，姓名，性别，部门，职称)
  课程(课程号，课程名，任课教师，学分)
  选课(学号，课程号，成绩)

【例 6-12】查询全部学生的基本信息的 SQL 语句。

```
SELECT * FROM 学生
```

【例 6-13】查询学生的学号、姓名、班级信息 SQL 语句。

```
SELECT 学号、姓名、班级 FROM 学生
```

【例 6-14】查询班级为"计1702"班学生的学号、姓名、年龄、家庭地址信息的 SQL 语句。

```
SELECT 学号，姓名，年龄，家庭地址 FROM 学生 WHERE 班级='计1702'
```

【例 6-15】查询年龄大于 18 岁，姓张的学生的信息，并将结果按年龄降序排列的 SQL 语句。

```
SELECT * FROM 学生 WHERE 年龄>18 AND 姓名 LIKE '张%' ORDER BY 年龄 DESC
```

【例 6-16】查询所有学生的课程编号为"130001"的期末成绩，并显示学生学号、姓名、课程名称、成绩的 SQL 语句。

```
SELECT 学生.学号，学生.姓名，课程.课程名，选课.成绩 FROM 选课，学生，课程 WHERE (课程.课程号
='130001' AND 学生.学号=选课.学号 AND 选课.课程号=课程.课程号)
```

说明：SQL 可以把多个表联合起来进行查询。这种在一个查询中同时涉及两个以上的表的查询，称之为联合查询。关于多表联合查询的详细情况请参阅有关资料。

【例 6-17】查询年龄在 18～20 岁学生的姓名、年龄的 SQL 语句。

```
SELECT 姓名,年龄 FROM 学生 WHERE 年龄 BETWEEN 18 AND 20
```

【例 6-18】查询所有姓"刘"的学生详细情况的 SQL 语句。

```
SELECT * FROM 学生 WHERE 姓名 LIKE '刘%'
```

掌握 SQL 语句对数据库系统的开发至关重要，由于篇幅原因，本节只对几条 SQL 语句做了简单的介绍，关于 SQL 语句更详细的介绍，请参阅有关手册。

6.3 Python 中访问 MySQL 语句

在 Python 中访问 MySQL 数据库，首先需要安装第三方库 PyMySQL。PyMySQL 安装后，首先需要使用下面的语句导入 PyMySQL 模块：

```
IMPORT pymysql
```

1. 创建和打开数据库

使用 CONNECT()方法可以创建和打开数据库，具体方法如下：

数据库连接对象 = pymysql.connect(数据库服务器,用户名,密码,数据库名)
CONNECT()方法返回一个数据库连接对象，通过数据库连接对象可以访问数据库。

2. 创建游标对象

Python 可以使用下面的方法创建一个游标对象：

游标对象 = 数据库连接对象.CURSOR()

使用游标可以执行 SQL 语句和查询数据。

3. 执行 SQL 语句

使用 EXECUTE()方法可以执行 SQL 语句，具体方法如下：

游标对象.EXECUTE (SQL 语句)

【例6-19】在数据库 student_db 中使用 EXECUTE()方法在表 student 中添加一行数据。具体代码如下：

```
1    import pymysql
2    db = pymysql.connect('localhost','root','123456','student_db')
3    cx = db.cursor()
4    sql='INSERT INTO student VALUES (20170101,'张雨聪', '男',20,'计1703') '
5    cx.execute(sql)
6    db.commit()
7    db.close()
```

说明：db.commit()语句用于提交对数据库的修改保存到数据库中，操作完成后，需要调用 db.close()语句关闭数据库连接，以释放资源。

可以使用 INSERT 语句插入多条语句，例如：

```
#一次插入多条记录
sqli='insert into student values(%d,%s,%s, %d ,%s)'
cur.executemany(sqli,[
    (20170150,'Tom','男',18,'计1701'),
    (20170150,'Jack', '男',19, '计1702'),
    ])
```

4. 使用游标

通过 cursor 对象可以实现对数据库的常用的操作，游标常用的方法如下。

（1）callproc(self, procname, args)：用来执行存储过程，参数为存储过程名和参数列表，返回值为受影响的行数。

（2）execute(self, query, args)：执行单条 SQL 语句，参数为 SQL 语句本身和使用的参数列表，返回值为受影响的行数。

（3）executemany(self, query, args)：执行单条 SQL 语句，但是重复执行参数列表里的参数，返回值为受影响的行数。

（4）nextset(self)：移动到下一个结果集。

Cursor 可以通过如下的方法接收返回值。

（1）fetchall(self)：接收全部的返回结果行。

（2）fetchmany(self, size=None)：接收 size 条返回结果行。如果 size 的值大于返回的结果行的数量，则会返回 cursor.arraysize 条数据。

（3）fetchone(self)：返回一条结果行。

（4）scroll(self, value, mode='relative')：移动指针到某一行。如果 mode='relative'，则表示从当前所在行移动 value 条；如果 mode='absolute'，则表示从结果集的第一行移动 value 条。

【例 6-20】显示数据库 student_db 中有记录的信息。具体代码如下：

```
1    import pymysql
2    # 打开数据库连接
3    db = pymysql.connect('localhost','root','123456','student_db')
4    # 使用 cursor()方法获取操作游标
5    cursor = db.cursor()
6    # SQL 查询语句
7    sql ='SELECT * FROM STUDENT'
8    try:
9        # 执行 SQL 语句
10       cursor.execute(sql)
11       # 获取所有记录列表
12       results = cursor.fetchall()
13       for row in results:
14           id= row[0]
15           name = row[1]
16           age = row[2]
17           sex = row[3]
18           class = row[4]
19           # 打印结果
20           print('id=%s,name=%s,age=%d,sex=%s,class=%d' % \
21                 (id, name, age, sex, class ))
22   except:
23   print('Error: unable to fecth data')
24
25   # 关闭数据库连接
26   db.close()
```

6.4 Python 文件系统

文件是程序设计中十分有用且不可缺少的概念。文件可以永久地存储信息。应用程序中如果想长期保存访问数据，就需要将数值存储到文件中。Python 提供了一系列的操作函数、控件和文件系统对象，利用它们可以实现对文件的操作。这些操作主要包括文件的打开与关闭，与文件操作有关的语句和函数等。

6.4.1 文件的基础知识

1. 文件的概念

文件是存储在外部介质（如磁盘）上的以文件名标识的相关数据的集合。操作系统就是以文件为单位对数据进行管理的，即如果想找存在外部介质上的数据，必须先按文件名找到所指定的文件，然后再从该文件中读取数据。要向外部介质上存储数据必须先建立一个文件（以文件名为标识），才能向它输出数据。

在程序运行时，常常需要将一些数据（运行的最终结果或中间数据）输出到磁盘上存放起来，以后需要时再从磁盘中输入计算机内存，这就要用到磁盘文件。我们把存储在磁盘上的文件称为磁盘文件。

2. 文件的分类

根据数据的存储方式和结构，可以将文件分为顺序存取文件和随机存取文件。

（1）顺序存取文件（Sequential File）：顺序存取文件的结构比较简单。在该文件中，只知道第一个数据的位置，其他数据的位置无从知道。查找数据时，只能从文件头开始，一个（或一行）数据一个（或一行）数据的顺序读取。

（2）随机存取文件（Random Access File）：又称直接存取文件，简称随机文件或直接文件。在访问随机文件中的数据时，可以根据需要访问文件中的任一条记录。

根据数据性质，文件可分为程序文件和数据文件。

根据数据的编码方式，文件可分为 ASCII 文件和二进制文件。

- ASCII 文件：又称文本文件，它以 ASCII 方式保存文件。该文件可以用字处理软件建立和修改，以纯文本文件保存。
- 二进制文件（Binary File）：以二进制方式保存的文件。该文件不能用普通的字处理软件编辑，占存储空间较小。

6.4.2 文件的基本操作

文件处理必须把文件首先读入内存，在内存中对文件进行处理，再将处理的结果写入文件中，最后关闭文件。

1. 数据文件操作的一般步骤

（1）打开或建立文件

在创建新文件或使用旧文件之前，必须先打开文件。打开文件的操作会为这个文件在内存中准备一个读写时使用的缓冲区，并且声明文件在什么地方，叫什么名字，文件处理方式如何。

（2）访问文件（进行读、写操作）

所谓访问文件，即对文件进行读/写操作。从磁盘将数据送到内存称为"读"，从内存将数据存到磁盘称为"写"。这些都是通过相应的读写函数完成的。

（3）关闭文件

打开的文件使用（读/写）完后，必须关闭，否则会造成数据丢失。关闭文件会把文件缓冲区中的数据全部写入磁盘，释放掉该文件缓冲区占用的内存空间。

2. 文件的打开

Python 中用内建函数 open()语句打开或建立一个文件。

格式：file_object=open(file_name,mode='r', buffering=-1)

功能：open()函数使用一个文件名作为唯一强制参数，然后返回一个文件对象。模式（Mode）和缓冲（Buffering）参数都是可选的。其兼有打开文件和建立文件的双重功能。

说明：

① 文件模式：如果 open()函数只带一个文件名参数，用户可以获得能读取文件内容的文件对象。如果要向文件内写入内容，则必须提供一个模式参数来显式声明。open()函数中的模式参数值

如表 6-9 所示。

② 缓冲：open()函数的第三个参数控制文件的缓冲。如果参数是 0/False，则 I/O 无缓冲；如果是 1/True，则 I/O 为有缓冲。大于 1 的数字代表缓冲区的大小，单位是字节，-1/负数代表使用默认的缓冲区大小。

表 6-9　open 函数模式参数常用值

文件模式	操　　作
r	读模式
w	写模式
a	追加模式
b	二进制模式
+	读/写模式

3. 文件的关闭

文件读写操作完成后，使用 close()语句实现文件关闭。

格式：file.close()

功能：文件缓冲区中的所有数据写到文件中，若不关闭文件，有可能造成数据丢失；释放与该文件关联的文件号，使之能被其他 open 语句使用。

说明：

① close()语句用来关闭文件，是打开文件之后进行的操作。格式中的 file 是 open()语句中使用的文件名。

② 若不使用 close()语句关闭文件，当程序结束时，将自动关闭打开的数据文件。

③ close()语句使程序结束对文件的使用，一般不省略它。

6.4.3　文件的读写操作

在 Python 中不同类型文件的读写在概念上是一致的。文件读就是从文件中读出数据到内存中去；文件写就是把内存中的数据写入文件中。但它们所使用的读写语句不一定相同。

1. 文件的读操作

Python 的文本文件的内容读取，常用的有三类方法：read()、readline()、readlines()。

（1）read()：read()是最简单的一种方法，一次性读取文件的所有内容放在一个大字符串中，即存在内存中。例如：

```
file_object = open('test.txt')
try:
    file_context = file_object.read()
finally:
    file_object.close()
```

说明：read()方便、简单，一次性读出文件并放在一个大字符串中，速度最块。但 read()文件过大的时候，占用内存也会过大。

（2）利用 read()方法可以读写二进制文件，例如：

```
file_object = open('abinfile', 'rb')
try:
    while True:
     chunk = file_object.read(100)   #读取指定字节长度
     if not chunk:
        break
     do_something_with(chunk)
finally:
    file_object.close( )
```

（3）readline()：readline() 逐行读取文本，结果是一个 list。例如：
```
with open(file) as f:
   line = f.readline()
   while line:
      print (line)
      line = f.readline()
```
说明：readline()占用内存小，逐行读取；但由于 readline()是逐行读取，速度比较慢。

（4）readlines()：readlines()一次性读取文本的所有内容，结果是一个 list。例如：
```
with open(file) as f:
  for line in f.readlines():
      print (line)
```
说明：readlines()读取的文本内容，每行文本末尾都会带一个 '\n' 换行符 (可以使用 L.rstrip('\n') 去掉换行符)。readlines()一次性读取文本内容，速度比较快，但 readlines()随着文本的增大，占用内存会越来越多。

2. 文件的写操作

Python 的文件写操作常用的方法有：write()和 writelines()。

（1）write()：write(str)把字符串写到文件中，write()并不会在字符串后加上一个换行符。例如：
```
# 以只读的模式打开文件 write.txt，没有则创建，有则覆盖内容
file = open('write.txt','w')
# 在文件内容中写入字符串 test write
file.write('test write')
# 关闭文件
file.close()
```

（2）writelines()：写多行到文件，参数可以是一个可迭代的对象、列表、元组等。例如：
```
# 以只读模式打开一个不存在的文件 wr_lines.txt
f = open('wr_lines.txt','w',encoding='utf-8')
# 写入一个列表
f.writelines(['11','22','33'])
# 关闭文件
f.close()
```

6.4.4 文件与目录操作函数和语句

Python 对文件系统的访问大多通过 os 模块和 shutil 模块实现，与文件有关的语句有 remove()、copyfile()、rename()等，与目录有关的语句和函数有 rename()、chdir()、listdir()、mkdir()、rmdir()、getcwd()等，下面分别介绍这些语句或函数。

1. 删除文件（os.remove 语句）

格式：`os.remove(path)`

功能：path 必须为文件地址，用于删除指定的文件。

说明：若 path 是一个目录，抛出 OSError 错误。如果要删除目录，请使用 rmdir()。

例如：`os.remove('c:\hi.txt')`

2. 复制文件（shutil.copyfile 语句）

格式：`shutil.copyfile(源文件名,目标文件名)`

功能：用于把源文件内容复制到目标文件中，复制后两个文件内容完全相同。

说明：源文件名和目标文件名可以包含路径，且文件名要用双引号括起来。

例如：`shutil.copyfile('c:\hi.txt','d:\he.txt')`

3. 文件（目录）重命名（os.rename 语句）

格式：`os.rename('oldname','newname')`

功能：文件或目录改名。

说明：不能使用统配符"*"和"?"，不能对一个已打开的文件上使用 rename()语句。

例如：`os.rename('c:\hi.txt','he.txt')`

4. 改变当前的目录或文件（os.chdir）

格式：`os.chdir(Path)`

功能：改变当前的目录或文件夹。

说明：Path 为用双引号括起来的字符串。

例如：`os.chdir('D:\TMP')`

5. 获得指定目录中的内容（os.listdir 语句）

格式：`os.listdir('path')`

功能：获得指定目录中的内容。

说明：如果 os.listdir(os.getcwd())，获得当前目录中的内容。

6. 创建目录（os.mkdir 语句）

格式：`os.mkdir('path')`

功能：创建一个新的目录。

例如：`os.mkdir('D:\New_Dir')`

7. 删除空目录（os.rmdir 语句）

格式：`os.rmdir('path')`

功能：删除一个存在的目录。

说明：只能删除空目录。

8. 返回当前目录（os.getcwd()函数）

格式：`os.getcwd()`

功能：利用 os.Getcwd()函数可以确定当前所在目录。

说明：返回当前驱动器的当前目录。

9. 返回文件修改时间（os.path.getmtime 函数）

格式：`os.path.getmtime(pathname)`

功能：返回一个日期型数据，为文件最后修改后的日期和时间。

10. 返回文件属性（os.stat 函数）

格式：`os.stat(filename)`

功能：返回文件属性。

11. 返回文件的长度（os.path.getsize 函数）

格式：os.path.getsize (filename)

功能：返回一个文件的长度，单位字节。

12. os.path.basename 函数

格式：os.path.basename(filename)

功能：返回一个 String 类型值，用以表示一个文件名、目录名或文件夹名称。

13. os.chmod 命令

格式：os.chmod(path,mode)

功能：修改文件权限与时间戳。

6.5 编程实践

本节以"学生信息管理系统"为例讲解 Python 中数据库的操作。

【例 6-21】编写一个学生信息管理系统，实现学生信息的添加、修改、删除等操作。

1. 数据库的建立

在 MySQL 中按例 6-3 建立数据库 student_db 和学生基本信息表 student。

2. 建立窗体

在 QT 中建立图 6-26 所示的"学生管理系统"主窗体 Stu_Main.UI（一个 QTableWidget 控件、4 个 QPushButton 控件）和图 6-27 所示的"增加学生信息"窗体 Add_Stu.UI（5 个 QLabel 控件，4 个 QLineEdit 控件、一个 QComboBox 控件、2 个 QPushButton 控件）。

图 6-26 "学生管理系统"主窗体

图 6-27 "增加学生信息"主窗体

3. 编程实现

将 Stu_Main.UI 和 Add_Stu.UI 转换成对应的.py 文件（pyuic5 -o Stu_Main.py Stu_Main.ui），然后编写程序。

Stu_Main.py 参考代码如下：

```
1    #coding=utf-8
2    # 功能：'学生管理系统'主窗体
```

```python
3   # 作者: wangxj
4   # 时间: 2017-05-01
5   # 文件: Stu_Main.py
6
7   from PyQt5.QtGui import *
8   from PyQt5.QtCore import *
9   from PyQt5.QtWidgets import *
10  import pymysql                              #导入 pymysql
11  from addstu import *                        #导入增加学生信息模块
12
13  class Ui_Form(object):
14      def setupUi(self, Form):
15          Form.setObjectName("Form")
16          Form.resize(502, 319)
17          self.tableWidget =QTableWidget(Form)
18          self.tableWidget.setGeometry(QRect(30, 40, 341, 231))
19          self.tableWidget.setObjectName("tableWidget")
20          self.tableWidget.setColumnCount(5)
21          self.tableWidget.setRowCount(5)
22          self.tableWidget.setHorizontalHeaderLabels(['学号','姓名','性别','年龄','班级'])
23          #整行选中的方式
24          self.tableWidget.setSelectionBehavior(QAbstractItemView.SelectRows)
25          self.splitter = QSplitter(Form)
26          self.splitter.setGeometry(QRect(400, 50, 75, 191))
27          self.splitter.setOrientation(Qt.Vertical)
28          self.splitter.setObjectName('splitter')
29          self.pushButton_Add =QPushButton(self.splitter)
30          self.pushButton_Add.setObjectName('pushButton_Add')          #'增加'按钮
31          self.pushButton_del =QPushButton(self.splitter)
32          self.pushButton_del.setObjectName('pushButton_del')          #'删除'学生按钮
33          self.pushButton_edit = QPushButton(self.splitter)
34          self.pushButton_edit.setObjectName('pushButton_edit')        #'编辑'按钮
35          self.pushButton_exit =QPushButton(self.splitter)
36          self.pushButton_exit.setObjectName('pushButton_exit')        #'退出'按钮
37          self.tableWidget.setColumnCount(5)
38          self.tableWidget.setRowCount(100)
39          self.retranslateUi(Form)
40          self.pushButton_Add.clicked.connect(self.AddStu)
41          self.pushButton_del.clicked.connect(self.DelStu)
42          self.pushButton_exit.clicked.connect(self.WinExit)
43          self.tableWidget.itemClicked.connect(self.GetCurrentRow)
44
45          # 打开数据库连接
46          self.conn=pymysql.connect(host='localhost',user='root',passwd='123456',\
47                  db='student_db',port=3306,charset='utf8')
48          # 使用 cursor()方法获取操作游标
49          self.cursor=self.conn.cursor()
50          self.showDataBase()                                          # 显示全部学生信息
51          # QtCore.QMetaObject.connectSlotsByName(Form)
52
53      def retranslateUi(self, Form):
54          _translate = QCoreApplication.translate
```

```
55          Form.setWindowTitle(_translate('Form', '学生管理系统'))
56          self.pushButton_Add.setText(_translate('Form', '增加'))
57          self.pushButton_del.setText(_translate('Form', '删除'))
58          self.pushButton_edit.setText(_translate('Form', '编辑'))
59          self.pushButton_exit.setText(_translate('Form', '退出'))
60
61      def showDataBase(self):                         #显示所有数据
62          try:
63              # 使用execute方法执行SQL语句
64              self.cursor.execute('select * from student')
65              results = self.cursor.fetchall()
66              i=0
67              # 获取所有记录列表
68              for row in results:
69                  newItem = QTableWidgetItem(row[0])       #读取数据并显示
70                  self.tableWidget.setItem(i,0,newItem)
71                  newItem = QTableWidgetItem(str(row[1]))
72                  self.tableWidget.setItem(i,1,newItem)
73                  newItem = QTableWidgetItem(row[2])
74                  self.tableWidget.setItem(i,2,newItem)
75                  newItem = QTableWidgetItem(str(row[3]))
76                  self.tableWidget.setItem(i,3,newItem)
77                  newItem = QTableWidgetItem(row[4])
78                  self.tableWidget.setItem(i,4,newItem)
79                  i=i+1
80              self.cursor.close()
81          except:
82              print("数据显示错误")
83
84      def AddStu(self):                               #增加学生信息
85          Add_Form =QDialog()
86          ui_addstu =Ui_Dialog_AddStu()               #增加学生窗体
87          ui_addstu.setupUi(Add_Form)
88          Add_Form.show()                             # 显示添加学生窗体
89          Add_Form.exec_()
90
91      def GetCurrentRow(self,Item=None):              # 得到当前单击的行的行数
92          global stu_id,selectrow                     # stu_id 当前学生的学号
93          selectrow=self.tableWidget.currentRow()
94          # 取出当前行的第一列'学号'
95   selectitem = self.tableWidget.item(selectrow, 0);
96          stu_id=selectitem.text()                    #得到当前单击的行学生的学号
97
98      def DelStu(self):                               # 删除学生信息
99          self.conn=pymysql.connect(host='localhost',user='root',\
100 passwd='123456',db='student_db',port=3306,charset='utf8')
101         # 使用cursor()方法获取操作游标
102         self.cursor=self.conn.cursor()
103         # SQL 插入语句
104         sql ="delete from student where id='"+stu_id+"'"
105         ok =QMessageBox.question(self,'信息提示窗口', '确定删除该记录吗？',\
```

```
106                    QMessageBox.Yes|QMessageBox.No,QMessageBox.Yes)
107            if ok == QMessageBox.Yes:
108                try:
109                    # 执行SQL语句
110                    self.cursor.execute(sql)
111                    # 提交到数据库执行
112                    self.conn.commit()
113                    self.tableWidget.removeRow(selectrow)       #删除表格中的学生信息
114                except:
115                    # 发生错误时回滚
116                    self.conn.rollback()
117                # 关闭数据库连接
118                self.conn.close()
119            else:
120                return
121
122    def WinExit(self):                                           #退出按钮
123        self.close()
124
125 if __name__=='__main__':
126     import sys
127     app=QApplication(sys.argv)
128     widget=QWidget()
129     ui=Ui_Form()
130     ui.setupUi(widget)
131     widget.show()
132     sys.exit(app.exec_())
```

Add_Stu.py 参考代码如下：

```
1   #coding=utf-8
2   # 功能：'增加学生信息'主窗体
3   # 作者：wangxj
4   # 时间：2017-05-01
5   # 文件：Add_Stu.p.py
6
7   from PyQt5 import QtCore, QtGui, QtWidgets
8   import pymysql
9
10  class Ui_Dialog_AddStu(object):
11      def setupUi(self, Dialog_AddStu):
12          Dialog_AddStu.setObjectName('Dialog_AddStu')
13          Dialog_AddStu.resize(400, 300)
14          self.form =Dialog_AddStu
15          self.gridLayoutWidget = QtWidgets.QWidget(Dialog_AddStu)
16          self.gridLayoutWidget.setGeometry(QtCore.QRect(40, 40, 210, 253))
17          self.gridLayoutWidget.setObjectName('gridLayoutWidget')
18          self.gridLayout = QtWidgets.QGridLayout(self.gridLayoutWidget)
19          self.gridLayout.setObjectName('gridLayout')
20          self.label_sex = QtWidgets.QLabel(self.gridLayoutWidget)
21          self.label_sex.setObjectName('label_sex')
22          self.gridLayout.addWidget(self.label_sex, 3, 0, 1, 1)
23          self.label_name = QtWidgets.QLabel(self.gridLayoutWidget)
24          self.label_name.setObjectName('label_name')
25          self.gridLayout.addWidget(self.label_name, 2, 0, 1, 1)
```

```python
26          self.lineEdit_id = QtWidgets.QLineEdit(self.gridLayoutWidget)
27          self.lineEdit_id.setObjectName('lineEdit_id')
28          self.gridLayout.addWidget(self.lineEdit_id, 1, 1, 1, 1)
29          self.label_age = QtWidgets.QLabel(self.gridLayoutWidget)
30          self.label_age.setObjectName('label_age')
31          self.gridLayout.addWidget(self.label_age, 4, 0, 1, 1)
32          self.lineEdit_age = QtWidgets.QLineEdit(self.gridLayoutWidget)
33          self.lineEdit_age.setObjectName('lineEdit_age')
34          self.gridLayout.addWidget(self.lineEdit_age, 4, 1, 1, 1)
35          self.lineEdit_name = QtWidgets.QLineEdit(self.gridLayoutWidget)
36          self.lineEdit_name.setObjectName('lineEdit_name')
37          self.gridLayout.addWidget(self.lineEdit_name, 2, 1, 1, 1)
38          self.label_id = QtWidgets.QLabel(self.gridLayoutWidget)
39          self.label_id.setObjectName('label_id')
40          self.gridLayout.addWidget(self.label_id, 1, 0, 1, 1)
41          self.label_class = QtWidgets.QLabel(self.gridLayoutWidget)
42          self.label_class.setObjectName('label_class')
43          self.gridLayout.addWidget(self.label_class, 5, 0, 1, 1)
44          self.lineEdit_class = QtWidgets.QLineEdit(self.gridLayoutWidget)
45          self.lineEdit_class.setObjectName('lineEdit_class')
46          self.gridLayout.addWidget(self.lineEdit_class, 5, 1, 1, 1)
47          self.comboBox_sex = QtWidgets.QComboBox(self.gridLayoutWidget)
48          self.comboBox_sex.setObjectName('comboBox_sex')
49          self.comboBox_sex.addItem('')
50          self.comboBox_sex.addItem('')
51          self.gridLayout.addWidget(self.comboBox_sex, 3, 1, 1, 1)
52          self.pushButton_OK = QtWidgets.QPushButton(Dialog_AddStu)          # 确定按钮
53          self.pushButton_OK.setGeometry(QtCore.QRect(290, 50, 75, 41))
54          self.pushButton_OK.setObjectName('pushButton_OK')
55          self.pushButton_exit = QtWidgets.QPushButton(Dialog_AddStu)
56          self.pushButton_exit.setGeometry(QtCore.QRect(290, 100, 75, 41))
57          self.pushButton_exit.setObjectName('pushButton_exit')
58          self.pushButton_OK.clicked.connect(self.InsertStu)
59          self.pushButton_exit.clicked.connect(self.AddWinExit)
60          #self.pushButton_OK.clicked.connect(self.close)
61          self.retranslateUi(Dialog_AddStu)
62          QtCore.QMetaObject.connectSlotsByName(Dialog_AddStu)
63
64      def retranslateUi(self, Dialog_AddStu):
65          _translate = QtCore.QCoreApplication.translate
66          Dialog_AddStu.setWindowTitle(_translate('Dialog_AddStu', '增加学生信息'))
67          self.label_sex.setText(_translate('Dialog_AddStu', '性别：'))
68          self.label_name.setText(_translate('Dialog_AddStu', '姓名：'))
69          self.label_age.setText(_translate('Dialog_AddStu', '年龄：'))
70          self.label_id.setText(_translate('Dialog_AddStu', '学号：'))
71          self.label_class.setText(_translate('Dialog_AddStu', '班级：'))
72          self.comboBox_sex.setItemText(0, _translate('Dialog_AddStu', '男'))
73          self.comboBox_sex.setItemText(1, _translate('Dialog_AddStu', '女'))
74          self.pushButton_OK.setText(_translate('Dialog_AddStu', '确定'))
75          self.pushButton_exit.setText(_translate('Dialog_AddStu', '退出'))
76
77      def InsertStu(self):                          #添加学生信息
78          # 打开数据库连接
```

```
79          self.conn=pymysql.connect(host='localhost',user='root',\
80                      passwd='123456',db='student_db',port=3306,charset='utf8')
81          # 使用cursor()方法获取操作游标
82          self.cursor=self.conn.cursor()
83          # 获取学生信息
84          stu_id=self.lineEdit_id.text()
85          stu_name=self.lineEdit_name.text()
86          stu_sex=self.comboBox_sex.currentText()
87          stu_age=self.lineEdit_age.text()
88          stu_class=self.lineEdit_class.text()
89          # SQL 插入语句
90          sql ="INSERT INTO student VALUES('"+stu_id+"','"+ \ stu_name+"','
91               "+stu_sex+"',"+stu_age+",'"+stu_class+"')"
92          print(sql)
93          try:
94              # 执行sql语句
95              self.cursor.execute(sql)
96              # 提交到数据库执行
97              self.conn.commit()
98          except:
99              # 发生错误时回滚
100             self.conn.rollback()
101             # 关闭数据库连接
102         self.conn.close()
103
104     def AddWinExit(self):
105         self.close()
```

4. 程序完善

可以参照上述的程序，编写"学生信息维护"窗体及相应的程序，并为主窗体建立工具栏。

6.6 习题

1. 选择题

（1）MySQL 的位字段类型为（   ）。

    A．INT   B．BIT   C．BOOL   D．TINYINT

（2）可以使用（   ）语句创建数据库。

    A．NEW DATABASE   B．CREATE DB

    C．CREATE DATABASE   D．NEW

（3）可是使用（   ）语句删除数据库。

    A．DELETE DATABASE   B．DROP DATABASE

    C．REMOVE DATABASE   D．DELETE

（4）MySQL 的时间戳类型为（   ）。

    A．DATE   B．DATETIME

    C．TIMESTAMP   D．TIME

（5）可以使用下面（　　）语句向表中添加列。

　　A．ALTER TABLE 表名 APPEND 列名　数据类型和长度　列属性

　　B．ALTER TABLE 表名 INSERT 列名　数据类型和长度　列属性

　　C．ALTER TABLE 表名 ADD 列名　数据类型和长度　列属性

　　D．ALTER TABLE 表名 ADD COLUMN 列名　数据类型和长度　列属性

（6）可以使用下面（　　）语句在表中删除列。

　　A．ALTER TABLE 表名 DROP 列名　数据类型和长度　列属性

　　B．ALTER TABLE 表名 DELETE 列名　数据类型和长度　列属性

　　C．ALTER TABLE 表名 REMOVE 列名　数据类型和长度　列属性

　　D．ALTER TABLE 表名 DROP COLUMN 列名　数据类型和长度　列属性

（7）在 SELECT 语句中使用（　　）子句可以对结果集进行排序。

　　A．SORT BY　　　　　　　　　　　　B．GROUP BY

　　C．WHERE　　　　　　　　　　　　　D．ORDER BY

2．填空题

（1）可以使用_____SQL 语句插入数据。

（2）可以使用_____SQL 语句修改表中的数据。

（3）可以使用_____SQL 语句删除表中的数据。

（4）Python 中内置了_____模块，可以方便地访问 SQLite 数据库。

（5）要在 Python 3.x 中访问 MySQL 数据库，需要安装第三方库_____。

（6）Python 3.x 中使用 pymysql 类的_____方法连接数据库。

（7）Python 查询 MySQL 使用_____方法获取单条数据，使用_____方法获取多条数据。

（8）在 Python 中，用于返回当前目录的函数是_____；用于设置当前目录的语句是_____；用于建立目录的语句是_____；用于删除目录的语句是_____；用于改变当前驱动器的语句是_____；用于文件复制的语句是_____；用于删除文件的语句是_____；用于设置文件属性的语句是_____；用于文件更名的语句是_____。

（9）在 Python 中调用 open()函数打开文件，调用 close()函数关闭文件，调用_____函数可实现对文件内容的读取。

（10）如果要获得用户在驱动器列表框中所选择的驱动器，则应访问该对象的_____属性；如果要获得用户在目录列表框中所选择的目录路径，则应访问该对象的_____属性；如果要获得的是当前目录的下级目录的个数，则应访问该对象的_____属性；如果要在文件列表框中显示文件的类型，则应访问该对象的_____属性；如果要获得文件列表框中选择的文件名，则应访问该对象的_____属性。

（11）为了获得当前未被使用的文件号，可利用 Python 提供的_____函数来实现。

3．编程题

（1）设计一个宿舍管理系统，包括用户的管理、学生基本信息的管理、宿舍房间的基本管理等。

（2）设计一个人事管理系统，包括用户的管理、单位人员基本信息的管理、部门的管理等。

（3）设计一个学生选课系统，包括用户的管理、课程的管理、学生的管理、选课的管理等。

（4）有一个"record.txt"的文件，内容如下：

```
# name, age, score
tom, 12, 86
Lee, 15, 99
Lucy, 11, 58
Joseph, 19, 56
```

第一列为姓名（name），第二列为年龄（age），第三列为得分（score）。

编写一个 Python 程序，实现：

- 读取文件；
- 打印如下结果：得分低于 60 分的同学；以 L 开头的同学的姓名；所有同学的总分。

第7章 Python网络编程

本章重点
- OSI 参考模型
- TCP/IP
- Socket 编程
- urllib 包和 http 包的使用
- ftplib 包的使用

本章难点
- 使用 Socket 建立服务器端程序/客户端程序
- 使用 SocketSever 建立服务器
- 使用 urllib 包、httplib 包访问网站
- 使用 ftplib 包访问 FTP 服务器

Python 能够提供非常强大的网络编程能力。Python 对常见的网络协议的各个层次进行了抽象的封装，可以使编程人员轻松实现网络编程。本章主要介绍如何使用 Python 进行套接字（Socket）编程、如何使用 urllib 包和 httplib 包访问网站以及如何使用 ftplib 包访问 FTP 服务器。

7.1 网络模型介绍

随着 20 世纪 60 年代美国的 ARPANET 与分组交换技术的产生与发展，人们对网络的技术、方法和理论的研究日趋成熟。计算机网络是指由通信线路互相连接的许多自主工作的计算机构成的集合体，各个部件之间以何种规则进行通信，就是网络模型研究的问题。网络模型一般是指 OSI 七层参考模型和 TCP/IP 四层参考模型，这两个模型在网络中应用最为广泛。

7.1.1 OSI 简介

为使不同计算机厂家生产的计算机能相互通信，以便在更大范围内建立计算机网络，国际标准化组织（ISO）在 1978 年提出"开放系统互联参考模型"，即著名的 OSI/RM（Open System Interconnection/Reference Model）。

OSI 参考模型的基本技术是分层技术。利用层次结构把开放系统的信息交换问

题分解在一系列较易于控制的"层"之中。按照 ISO 7498 的定义,OSI 的体系结构具有 7 个层次,如图 7-1 所示。各层的具体功能简介如下。

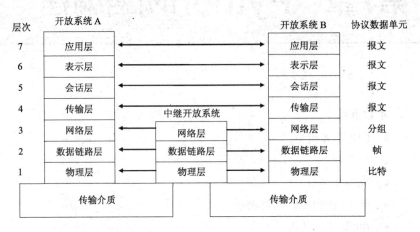

图 7-1　OSI 的 7 层体系结构

（1）物理层：考虑的是如何准确地在传输介质上传输二进制位（比特）。该层协议包括为建立、维护和拆除物理链路所需的机械的、电气的、功能的以及规程的特性。

（2）数据链路层：用于提供相邻节点间透明、可靠的信息传输服务。透明，意味着对所传输数据的内容、格式及编码不做任何限制；可靠，表示在该层设置有相应的检错和纠错设施。数据传输的基本单位是帧（Frame）。

（3）网络层：用于源站点和目标站点间的信息传输服务，基本传输单位是分组（Packet）。信息在网络中传输时，必须进行路由选择、差错检测、顺序及流量控制。网络层还应为传输层提供服务。

（4）传输层：功能是实现主机到主机间的连接，为主机间通信提供透明的数据传输通路，基本传输单位是报文（Message）。由于该层的下一层传送的基本单位是分组，因此传输层从它的上一层（会话层）接收数据后，必要时将它们划分成较小的单位传递给网络层，确保达到对方的各段信息准确无误。

（5）会话层：又称为会晤层。它为不同系统内的应用之间建立会话连接，使它们能按同步方式交换数据；并且能有序地拆除连接，以保证不丢失数据。

（6）表示层：向应用进程提供信息表示方式，对不同表示方式进行转换管理等，使采用不同表示方式的系统之间能进行通信，并且提供标准的应用接口、公用通信服务，如数据加密、正文压缩等。

（7）应用层：包括面向用户服务的各种软件，例如数据块存取协议、电子邮件协议以及远程登录协议等。应用层以下的各层均通过应用层向应用进程提供服务。

7.1.2　TCP/IP 简介

Internet 使用 TCP/IP 通信协议将各种局域网、广域网和国家主干网连接在一起。由于 TCP/IP 具有通用性和高效性，可以支持多种服务，使得 TCP/IP 成为到目前为止最为成功的网络体系结构和协议规范，为 Internet 提供了最基本的通信功能。

1. 什么是 TCP/IP

TCP/IP 是一种网际互联通信协议，其目的在于通过它实现网际间各种异构网络和异种计算机的互连通信，Internet 采用的即为 TCP/IP。

TCP/IP 的核心思想是对于 ISO 7 层协议，把千差万别的底层的两层协议（物理层和数据链路层）有关部分称为物理网络，而在传输层和网络层建立一个统一的虚拟逻辑网络，以这样的方法来屏蔽或隔离所有物理网络的硬件差异，从而实现普遍的连通性。

从名字看 TCP/IP 虽然只包括两个协议，但 TCP/IP 实际上是一组协议，它包括上百个各种功能的协议，如远程登录协议（Telnet）、文件传输协议（FTP）、简单邮件传输协议（SMTP）、域名服务协议（DNS）、网络文件系统（NFS）等，而 TCP 和 IP 是保证数据完整传输的两个基本的重要协议。通常说 TCP/IP 是指 Internet 协议族，而不单单是 TCP 和 IP 本身。

2. TCP/IP 模型

TCP/IP 协议族把整个协议分成 4 个层次，如图 7-2 所示。

（1）应用层：是 TCP/IP 的最高层，与 OSI 模型的上 3 层的功能类似。网络在此间向用户提供服务、用户调用网络的应用软件。Internet 在该层的协议主要有文件传输协议（FTP）、远程终端访问协议（Telnet）、简单邮件传输协议（SMTP）和域名服务协议（DNS）等。

（2）传输层：提供一个应用程序到另一个应用程序之间端到端的通信。Internet 在该层的协议主要有传输控制协议（TCP）、用户数据报协议（UDP）等。

（3）网络层：解决了计算机到计算机通信的问题。主要处理传输层的分组发送请求，将报文分组装入 IP 数据报，加上报头，确定路由，然后将数据报发往相应的网络接口；处理网间控制报文、流量控制、拥塞控制等。Internet 在该层的协议主要有网络互联协议（IP）、网间控制报文协议（ICMP）、地址解析协议（ARP）等。

（4）网络接口层：负责接收 IP 数据报并把该数据报发送到相应的网络上。一个网络接口可能由一个设备驱动程序组成，也可能是一个子系统，并且有自己的链路协议。从理论上讲，该层不是 TCP/IP 的组成部分，但是 TCP/IP 的基础，是各种网络与 TCP/IP 的接口。通信网络包括局域网和广域网，如以太网（Ethernet）、异步传输模式（Asynchronous Transfer Mode，ATM）、光纤分布数据接口（Fiber Distributing Data Interface，FDDI）等。

3. TCP/IP 与 OSI 的关系

TCP/IP 各层协议与 OSI 7 层协议的对应关系如图 7-3 所示。

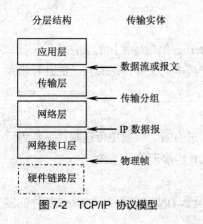

图 7-2　TCP/IP 协议模型

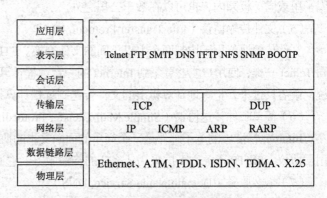

图 7-3　TCP/IP 与 OSI 的关系

4. TCP/IP 协议族

TCP/IP 是 Internet 的基础网络通信协议,它规范了网络上所有网络设备之间数据往来的格式和传送方式。TCP/IP 中包含了一组通信协议,而被称为协议族。TCP/IP 协议族中包括上百个互为关联的协议,不同功能的协议分布在不同的协议层。下面介绍几个常用协议。

(1)网络互联协议(Internet Protocol, IP)

IP 是 TCP/IP 体系中最重要的部分,是一个无连接的协议,位于第二层的网络层。IP 的基本任务是采用数据报方式,通过 Internet 传送数据,将源主机的报文分组发送到目的主机。在发送数据时,若目的主机与源主机连在同一个网络中,IP 可以直接通过这个网络将数据报传送给目的主机;若源主机和目的主机不在同一网络,数据报则经过本地 IP 路由器,通过下一个网络将数据报传送到目的主机或下一个路由器。这样,一个 IP 数据报就需要经过一组网络从源主机传输到目的主机。

(2)传输控制协议(Transmission Control Protocol, TCP)

TCP/IP 的传输层有两个重要的协议:一个是面向连接的传输控制协议(TCP),另一个是无连接的用户数据报协议(User Datagram Protocol, UDP),这两个协议位于 TCP/IP 参考模型的第三层传输层,主要负责应用程序之间实现端到端的通信。TCP 和 UDP 都使用 IP,这两个协议在发送数据时,其协议数据单元都作为下层 IP 数据报中的数据。

TCP 采用的最基本的可靠性技术包括 3 个方面:确认与超时重传、流量控制和拥塞控制。TCP 要完成流量控制的功能,协调收发双方的发送与接收速度,达到正确传输的目的。TCP 定义了两台计算机之间进行可靠传输时交换的数据和确认信息的格式,以及计算机为了确保数据的正确到达而采取的措施。该协议是面向连接的,提供可靠的、按需传送数据的服务。

(3)用户数据报协议(User Datagram Protocol,UDP)

UDP 也是建立在 IP 之上,同 IP 一样提供无连接数据报传输。UDP 本身并不提供可靠性服务,相对 IP,唯一增加的能力是提供协议端口,以保证进程通信。虽然 UDP 不可靠,但效率很高。在不需要 TCP 全部服务时,有时用 UDP 取代 TCP。例如,简单文件传输协议(TFTP)、简单网络管理协议(SNMP)和远过程调用(RPC)就使用了 UDP。

(4)远程登录协议(Telecommunication Network, Telnet)

远程登录协议提供一种非常广泛、双向的、8 字节的通信功能,位于应用层。这个协议提供了一种与终端设备或终端进程交互的标准方法。该协议提供的最常用的功能是远程登录。远程登录就是通过 Internet 进入和使用远距离的计算机系统,就像使用本地计算机一样。远程计算机可以在同一间屋子里或同一校园内,也可以在数千公里之外。

(5)文件传输协议(File Transfer Protocol, FTP)

文件传输协议用于控制两个主机之间的文件交换。FTP 是 Internet 上最早使用的文件传输程序,同 Telnet 一样,使用户能够登录到 Internet 的一台远程计算机,把其中的文件传送回自己的计算机系统,或者反过来,把本地计算机上的文件传送到远程计算机系统。

(6)简单邮件传送协议(Simple Mail Transfer Protocol, SMTP)

Internet 标准中的电子邮件是一个简单的面向文本的协议,用来有效、可靠地传送邮件。作为应用层协议,SMTP 不关心下层采用什么样的传输服务。它通过 TCP 连接来传送邮件。

(7)域名服务(Domain Name Service, DNS)

DNS 是一个名字服务协议,提供了名字到 IP 地址的转换。虽然 DNS 的最初目的是使邮件的发送方知道邮件接收主机及邮件发送主机的 IP 地址，但现在它的用途越来越广。

（8）超文本传输协议（Hyper Text Transfer Protocol, HTTP）

HTTP 是网络上应用最广泛的一种协议。所有的 WWW 文件都必须遵守这个标准，设计 HTTP 最初的目的是为了提供一种发布和接收 HTML 页面的方法。

7.2 Socket 编程

网络编程的主要工作是实现不同主机之间的通信，大部分的 Internet 应用程序采用 TCP 连接。TCP/IP 提供了可供程序员进行网络开发的接口，这就是套接字(Socket 编程接口)，其本质是对 TCP/IP 的封装，网络化的应用程序在开始通信之前都必须创建套接字。

7.2.1 Socket 简介

网络中的一个基本组件就是套接字（Socket）。套接字基本上就是两个端点的程序之间的 "信息通道"。通过网络连接的计算机通过套接字可以相互发送信息。套接字包含服务器套接字和客户端套接字。创建一个服务器套接字后让它等待连接，这样它就在某个网络地址处（IP 地址和一个端口号的组合，端口号范围为 0～65535）监听客户端的连接请求，一旦建立连接即可以进行传输数据。

Socket 开发接口位于应用层和传输层之间,可以选择 TCP 和 UDP 两种传输层协议实现网络通信。

Python 的 Socket 模块中使用 socket()方法创建套接字，其语法如下：

```
socket(socket_family, socket_type, protocol=0)
```

socket_family 可以是 AF_UNIX 或 AF_INET。socket_type 可以是 SOCK_STREAM 或 SOCK_DGRAM。protocol 一般不填，默认值为 0。

创建一个 TCP/IP 的套接字，调用 socket.socket()的方法是：

```
tcpSock = socket.socket(socket.AF_INET, socket.SOCK_STREAM)
```

同样，创建一个 UDP/IP 的套接字，其调用方法为：

```
udpSock = socket.socket(socket.AF_INET, socket.SOCK_DGRAM)
```

创建了套接字对象后，所有的交互都将通过对该套接字对象的方法调用进行。

7.2.2 Socket 编程

Python 使用 Socket 模块进行网络编程。一个套接字就是 Socket 模块中的 Socket 类的一个实例。Socket 编程主要包括如下步骤。

（1）创建服务器套接字。

（2）使用 bind()方法绑定，调用 listen()方法去监听某个特定的地址。

（3）使用 accept()方法接受客户端的连接。

（4）客户端套接字使用 connect()方法连接到服务器，在 connect()方法中使用的地址与服务器在 bind()方法中的地址相同。

（5）利用套接字的两个方法：send()用于发送数据和 recv()用于接收数据。

Socket 模块常用的方法见表 7-1。

表 7-1 套接字模块常用的方法

方　　法	功　　能
服务器端套接字	
bind()	绑定地址（主机，端口号对）到套接字
listen()	开始 TCP 监听
accept()	被动接受 TCP 客户连接，（阻塞式）等待连接的到来
客户端套接字	
connect()	主动初始化 TCP 服务器连接
公共用途的套接字方法	
recv()	接收 TCP 数据
send()	发送 TCP 数据
sendall()	完整发送 TCP 数据
recvfrom()	接收 UDP 数据
sendto()	发送 UDP 数据
getpeername()	连接到当前套接字的远端的地址
getsockname()	当前套接字的地址
getsockopt()	返回指定套接字的参数
setsockopt()	设置指定套接字的参数
close()	关闭套接字
面向模块的套接字方法	
setblocking()	设置套接字的阻塞与非阻塞模式
settimeout()	设置阻塞套接字操作的超时时间
gettimeout()	得到阻塞套接字操作的超时时间
面向文件的套接字的方法	
fileno()	套接字的文件描述符
makefile()	创建一个与该套接字关联的文件

7.2.3　用 Socket 建立服务器端程序

一般来说，服务器程序将在一个众所周知的端口上监听服务。换句话说，就是服务进程始终是存在的，直到有客户端的访问请求唤醒服务器进程。服务器进程会和客户端进程之间进行通信，交换数据。

服务器端 Socket 通信过程如图 7-4 所示。

【例 7-1】基于 TCP 的 Socket 服务器端程序。代码如下：

```
1    import socket                        #导入 socket 模块
2    import sys
3    HOST = "192.168.100.1 "              # 设置主机地址
4    PORT = 8888                          # 设置端口号
5    s = socket.socket()                  # 创建 socket
6    s.bind((HOST, PORT))                 # 绑定端口
7    s.listen(10)                         # 等待客户端连接
8    conn, addr = s.accept()              # 建立客户端连接
9    data = conn.recv(1024)               # 接收数据
10   conn.sendall(data)                   # 发送数据
```

```
11    conn.close()                              #关闭连接
12    s.close()                                 #关闭 socket
```
客户端应用程序通信过程如图 7-5 所示。

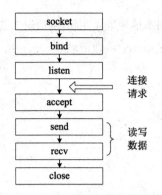

图 7-4　服务器端的通信过程

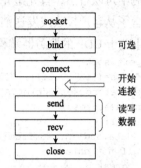

图 7-5　客户端的通信过程

【例 7-2】基于 TCP 的客户端程序。代码如下：

```
1     import socket                             # 导入 socket 模块
2     import sys
3     HOST = "192.168.100.1"                    # 设置主机地址
4     PORT = 8888                               # 设置端口号
5     s = socket.socket()                       # 创建 socket
6     s.connect((host, port))
7     s.send('1')
8     print (s.recv(1024))
9     conn.close()                              # 关闭连接
10    s.close()                                 # 关闭 socket
```

7.2.4　用 Socket 建立基于 UDP 的服务器与客户端程序

基于 UDP 的 Socket 通信过程如图 7-6 所示。

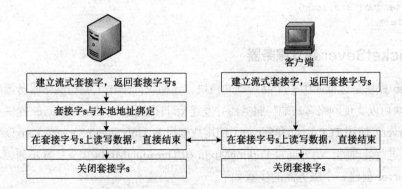

图 7-6　基于 UDP 的 Socket 通信过程

从图 7-6 中可以看到面向非连接的 Socket 通信不像 TCP 服务器那样复杂。

（1）创建一个 UDP 服务器的伪代码如下：

```
ss = socket()                                   # 创建一个服务器套接字
```

```
ss.bind()                          # 绑定服务器套接字
inf_loop:                          # 服务器无限循环
cs = ss.recvfrom()/ss.sendto()     # 对话（接收与发送）
ss.close()                         # 关闭服务器套接字
```

从伪代码中可以看出，首先是先创建套接字，然后绑定到本地地址（主机/端口对）的方法。无限循环中包含了从客户接收或发送消息。在实际应用中要确保close()函数被调用。

【例7-3】基于UDP的服务器端程序。代码如下：

```
1    import socket
2    address=('127.0.0.1',10000)
3    s=socket.socket(socket.AF_INET,socket.SOCK_DGRAM)
4    s.bind(address)
5    while 1:
6        data,addr=s.recvfrom(2048)
7        if not data:
8         break
9    print ("got data from",addr)
10   print (data)
11   s.close()
```

（2）创建一个UDP客户端程序的伪代码如下：

```
cs = socket()                      # 创建客户套接字
comm_loop:                         # 通信循环
cs.sendto()/cs.recvfrom()          # 对话(发送/接收)
cs.close()                         # 关闭客户套接字
```

在套接字对象创建好之后，就进入一个与服务器的对话循环。在通信结束后，套接字关闭。

【例7-4】基于UDP的客户端程序。代码如下：

```
1    import socket
2    addr=('127.0.0.1',10000)
3    s=socket.socket(socket.AF_INET,socket.SOCK_DGRAM)
4    while 1:
5        data=raw_input()
6        if not data:
7         break
8        s.sendto(data,addr)
9    s.close()
```

7.2.5 用SocketSever建立服务器

SocketServer模块是标准库中一个高级别的模块，该模块简单化了编写网络服务器的工作。利用SocketServer模块可以实现网络客户端与服务器并发连接非阻塞通信。SocketServer提供了4个基本的服务类：TCPServer（使用TCP）、UDPServer（使用数据报）、UnixStreamServer、UnixDatagramServer。这4个类是同步进行处理的，另外通过ForkingMixIn和ThreadingMixIn类支持异步通信。

用SocketServer创建一个服务器的步骤如下。

（1）通过子类化BaseRequestHandler类和覆盖它的handle()方法来创建一个请求处理器类，用于处理进来的请求。

（2）实例化服务类（如TCPServer），并传递给它参数：服务器地址和请求处理器类。

（3）调用服务实例对象的handle_request()或serve_forever()方法去处理请求。

【例7-5】使用 SocketServer 用同步的方法编写一个最简单的服务器程序。代码如下：

```
1   #创建 SocketServerTCP 服务器：
2   import SocketServer
3   from SocketServer import StreamRequestHandler as SRH
4   from time import ctime
5
6   host = '127.0.0.1'
7   port = 9999
8   addr = (host,port)
9
10  class Servers(SRH):
11    def handle(self):
12      Print( 'got connection from ',self.client_address )
13      self.wfile.write('connection %s:%s at %s succeed!' % (host,port,ctime()))
14      while True:
15        data = self.request.recv(1024)
16        if not data:
17          break
18        print (data )
19        Print( "RECV from ", self.client_address[0] )
20        self.request.send(data)
21  Print( 'server is running…' )
22  server = SocketServer.ThreadingTCPServer(addr,Servers)
23  server.serve_forever()
```

【例7-6】使用 SocketServer 创建 SocketServerTCP 客户端程序。代码如下：

```
1   from socket import *
2
3   host = '127.0.0.1'
4   port = 9999
5   bufsize = 1024
6   addr = (host,port)
7   client = socket(AF_INET,SOCK_STREAM)
8   client.connect(addr)
9   while True:
10    data = raw_input()
11    if not data or data=='exit':
12      break
13    client.send('%s\r\n' % data)
14    data = client.recv(bufsize)
15    if not data:
16      break
17    Print(data.strip() )
18  client.close()
```

7.3 urllib 包与 httplib 包使用

Python 自 3.x 版本推出之后，Web 端的编程更加方便。本节主要介绍 urllib 包和 httplib 包的使用。

7.3.1 urllib 包

在 Web 端编程主要使用的包有两个：一个是和 url 请求与返回相关的 urllib 包，另一个是 httplib

149

包。在 Python3 之前，使用 urllib 和 urllib2 两个包对 url 请求进行处理。但在 python3.x 之后，两个库就合并为一个 urllib。除了这两个包之外，还有第三方库 urllib3、urllib4、urllib5。

urllib 包提供了相应的接口，可以像访问本地文件一样来读取 WWW 和 FTP 上的数据。

urllib 包包含以下几个模块：

- urllib.request——打开和浏览 url 中的内容；
- urllib.error——处理 urllib.request 发生的错误或异常；
- urllib.parse——解析 url；
- urllib.robotparser——解析 robots.txt 文件。

urllib 包常用的方法如下。

1. request.urlopen()

格式：request.urlopen(url, [data], proxies=None)

功能：request.urlopen()用于打开一个网页。

说明：

（1）参数 url 表示远程数据的路径，一般是 http 或者 ftp 路径。

（2）参数 data 表示以 get 或者 post 方式提交到 url 的数据。

（3）参数 proxies 表示用于代理的设置。

（4）urlopen()返回一个类文件对象，它提供了如下方法：read()，readline()，readlines()，fileno()，close()；info()：返回一个 httplib.HTTPMessage 对象；getcode()：返回 http 状态码，如果是 http 请求，200 表示请求成功完成；404 表示网址未找到；geturl()：返回请求的 url 地址。

例如，使用 urllib 包抓取网页的简单代码如下：

```
#encoding:UTF-8
import urllib.request
def getdata():
  url="http://www.baidu.com"
  data=urllib.request.urlopen(url).read()
  z_data=data.decode('UTF-8')
  print(z_data)
getdata()
```

2. request. Request ()

格式：urllib.request. Request (url, data=None, headers={}, method=None)

功能：使用 Request()来包装请求，再通过 urlopen()获取页面。

说明：

（1）request. Request ()一般用法代码如下：

```
#coding=utf-8
import urllib.request
req = urllib.request.Request('http://www.baidu.com')
response = urllib.request.urlopen(req)
buff = response.read()
#显示
the_page = buff.decode("utf8")
response.close()
print(the_page)
```

（2）使用 POST 请求的代码如下：
```
import urllib.parseimport
urllib.requesturl = 'http://www.someserver.com/cgi-bin/register.cgi'
values = {'name' : 'Michael Foord',
          'location' : 'Northampton',
          'language' : 'Python' }

data = urllib.parse.urlencode(values)
req = urllib.request.Request(url, data)
response = urllib.request.urlopen(req)
the_page = response.read()
```
（3）使用 Get 请求的代码如下：
```
import urllib.request
import urllib.parse
data = {}
data['name'] = 'Somebody Here'
data['location'] = 'Northampton'
data['language'] = 'Python'
url_values = urllib.parse.urlencode(data)
print(url_values)
name=Somebody+Here&language=Python&location=Northampton
url = 'http://www.example.com/example.cgi'
full_url = url + '?' + url_values
data = urllib.request. urlopen(full_url)
```

7.3.2 使用 httplib 包访问网站

httplib 是 Python 中 http 和 https 协议的客户端实现，可以使用该模块来与 HTTP 服务器进行交互。该模块主要包含以下几个类。

1. httplib. HTTPConnection 类

格式：`httplib.HTTPConnection (host, port=None, [timeout])`

功能：HTTPConnection 类用于创建一个 http 类型的请求链接。

说明：

（1）参数 host 表示服务器主机，例如 www.baidu.com。

（2）port 为端口号，默认值为 80。

（3）可选参数 timeout 表示超时时间。

该类提供的主要方法见表 7-2。

表 7-2　httplib. HTTPConnection 主要方法

方法名称	功　　能
request ()	调用 request 方法会向服务器发送一次请求
getresponse ()	获取 HTTP 响应。返回的对象是 HTTPResponse 的实例
connect ()	连接到 HTTP 服务器
close ()	关闭与服务器的连接

2. httplib.HTTPResponse 类

HTTPResponse 表示服务器对客户端请求的响应。通常通过调用 HTTPConnection.getresponse()来创建，其主要方法见表 7-3。

表 7-3 httplib.HTTPResponse 主要方法

方法	功能
read()	获取响应的消息体。如果请求的是一个普通的网页，那么该方法返回的是页面的 HTML
getheader()	获取响应头
getheaders()	以列表的形式返回所有的头信息
close ()	关闭与服务器的连接

HTTPResponse 类常用的属性有：HTTPResponse.msg：获取所有的响应头信息；HTTPResponse.version：获取服务器所使用的 http 版本；HTTPResponse.status：获取响应的状态码（例如 200 表示请求成功）；HTTPResponse.reason：返回服务器处理请求的结果说明（一般为 "OK"）。例如：

```
1   # -*- coding: utf-8 -*-
2   import httplib
3   import urllib
4
5   def sendhttp():
6       data = urllib.urlencode({'@number': 12524, '@type': 'issue', '@action': 'show'})
7       headers = {"Content-type": "application/x-www-form-urlencoded",
8                  "Accept": "text/plain"}
9       conn = httplib.HTTPConnection('bugs.python.org')
10      conn.request('POST', '/', data, headers)
11      httpres = conn.getresponse()
12      print(httpres.status)
13      print(httpres.reason)
14      print(httpres.read())
15
16  if __name__ == '__main__':
17      sendhttp()
```

7.4 使用 ftplib 访问 FTP 服务

文件传输协议（File Transfer Protocol，FTP）是一个将数据文件从一台主机传送到另一台主机上的传输协议，这是 Internet 上最早应用的协议之一。

FTP 的工作原理是将 FTP 的客户端连接到 FTP 的服务器端，并对用户名和密码进行认证。认证成功后客户端可以浏览服务器端的文件，执行一些交互操作（上传/下载）。FTP 是运行在 TCP 之上的，从而保证了 FTP 传输数据的准确有序。FTP 的工作方式如图 7-7 所示。

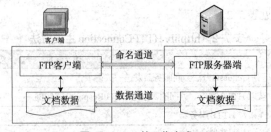

图 7-7 FTP 的工作方式

7.4.1 ftplib 包

在 Python 标准库当中，ftplib 包提供了对 FTP 客户端实现的支持。FTP 和 HTTP 有点相似，都可以获取文档数据,但是两者有着本质的区别:前者是将命令和数据分开传输。而在 HTTP 中,控制信息和数据信息是放在一起的。由于两者的相似,所以都可以采用 urllib 等模块来获取文档资源。使用时将 URL 中的协议值设置为 "FTP" 即可。实际上,在 ftplib 模块中,对 URL 的处理是调用 urllib 模块中的函数来处理的。

7.4.2 使用 ftplib 包访问 FTP 服务器

ftplib.FTP 类的主要方法见表 7-4。

表 7-4 ftplib.FTP 常用的方法

方　　法	功　　能
connect()	连接到指定服务器
login()	登录
cwd()	当前工作目录
dir()	显示当前目录里的内容
rename()	把远程文件改名
delete()	删除远程文件
mkd()	创建远程目录
rmd()	删除远程目录
quit()	关闭连接并退出

【例 7-7】编写一个实现 FTP 上传/下载文件的程序。代码如下:

```
1   #coding: utf-8
2   from ftplib import FTP
3   import time
4   import tarfile
5
6   def ftpconnect(host, username, password):
7       ftp = FTP()
8       ftp.connect(host, 21)               #连接
9       ftp.login(username, password)       #登录,如果匿名登录则用空串代替即可
10      return ftp
11
12  def downloadfile(ftp, remotepath, localpath):
13      bufsize = 1024                      #设置缓冲块大小
14      fp = open(localpath,'wb')           #以写模式在本地打开文件
15      ftp.retrbinary('RETR ' + remotepath, fp.write, bufsize) #接收服务器上的文件并写入本地文件
16      ftp.set_debuglevel(0)               #关闭调试
17      fp.close()                          #关闭文件
18
19  def uploadfile(ftp, remotepath, localpath):
20      bufsize = 1024
21      fp = open(localpath, 'rb')
22      ftp.storbinary('STOR '+ remotepath , fp, bufsize)    #上传文件
23      ftp.set_debuglevel(0)
24      fp.close()
25
26  if __name__ == "__main__":
27      ftp = ftpconnect("******", "***", "***")
```

```
28      downloadfile(ftp, "***", "***")
29      uploadfile(ftp, "***", "***")
30  ftp.quit()
```

7.5 电子邮件

电子邮件（E-mail）是 Internet 最基本的服务之一，也是最重要的服务之一。发邮件时使用的协议是 SMTP（Simple Mail Transfer Protocol）；接收邮件时使用的协议有两种：POP（Post Office Protocol），目前版本是 3，俗称 POP3 协议；IMAP（Internet Message Access Protocol），目前版本是 4，优点是不但能取邮件，还可以直接操作邮件服务器上存储的邮件。本节将介绍如何利用 Python 实现邮件的收发等操作。

7.5.1 SMTP 和 POP3

SMTP：在发送邮件时，邮件传送代理（Mail Transfer Agent，MTA）程序使用 SMTP 来发送 E-mail 到接收者的邮件服务器。大多数的邮件发送服务器（Outgoing Mail Server）都是使用 SMTP。SMTP 的默认 TCP 端口号是 25。SMTP 只能用来发送邮件，不能用来接收邮件。

POP3 和 IMAP：POP 和 IMAP 是用于邮件接收的最常见的两种协议，几乎所有的邮件客户端和服务器都支持这两种协议。POP3 协议为用户提供了一种简单、标准的方式来访问邮箱和获取 E-mail。使用 POP3 的 E-mail 客户端通常的工作过程是：连接服务器、获取所有信息并保存在用户主机、从服务器删除这些消息然后断开连接。POP3 的默认端口号是 110。

IMAP 提供了方便的邮件下载服务，可以实现离线阅读。使用 IMAP 的客户端通常将信息保留在服务器上直到用户删除。因此用户可以通过多个客户端同时管理一个邮箱。IMAP 提供了摘要浏览功能，可以让用户在阅读完所有的邮件基本信息（到达时间、主题、发件人、大小等）后再决定是否下载。IMAP 的默认端口号是 143。

7.5.2 发送邮件

邮件客户端软件在发送邮件时，需要首先配置用户申请邮箱的 SMTP 服务器地址，例如 163 邮箱提供的 SMTP 服务器地址为 "smtp.163.com"，同时还要填写你的邮箱地址和邮箱口令，这样才能正常地把 E-mail 通过 SMTP 发送到对方的 E-mail 服务器。

Python 通过 smtplib 和 email 两个模块对 SMTP 支持，可以发送纯文本邮件、HTML 邮件以及带附件的邮件。其中 email 模块负责构造邮件，smtplib 模块负责发送邮件。

1. smtplib 模块

smtplib 模块的主要功能是连接 smtp 服务器、登录 smtp 服务器及发送邮件。

smtplib 模块中 SMTP 类的构造函数提供了与 SMTP 的连接。通过这个连接用户可以向 smtp 服务器发送指令，执行相关操作（例如：登录、发送邮件等）。

格式：smtplib.SMTP([host[, port[, local_hostname[, timeout]]]])

说明：该构造函数的所有参数都是可选的，其中 host 参数表示 smtp 服务器主机名；port 表示 smtp 服务器的端口，默认是 25。

smtplib.SMTP 提供的主要方法见表 7-5。

表 7-5 SMTP 类的主要方法

方　　法	功　　能
set_debuglevel(level)	设置是否为调试模式。默认为 False，即非调试模式，表示不输出任何调试信息
connect([host[, port]])	连接到指定的 smtp 服务器，参数分别表示 smpt 主机和端口。也可以在 host 参数中指定端口号（如：smpt.163.com:25），这样就没必要给出 port 参数
login(user,password)	登录远程 smtp 主机，参数为用户名与密码
sendmail(from_addr,to_addrs,msg[,mail_options, rcpt_options])	实现邮件的发送功能，参数依次为发件人、收件人、邮件内容
quit()	断开 smtp 服务器的连接
docmd(cmd[, argstring])	向 smtp 服务器发送指令，可选参数 argstring 表示指令的参数

使用 SMTP 发送邮件的步骤如下。

（1）连接服务器（connect()）。
（2）登录（login()）。
（3）发送服务请求（sendmail()）。
（4）退出（quit()）。

【例 7-8】编写程序，实现一个简单邮件的发送。代码如下：

```
1   #-*-coding:utf-8-*-
2   import smtplib
3   import string
4   HOST='smtp.163.com'                              #定义 smtp 主机
5   SUBJECT='test_mail'                              #定义邮件主题
6   TO='12345678@qq.com'                             #定义邮件收件人
7   FROM='wang123456@163com'                         #定义邮件发件人
8   text='pythontestmail'                            #邮件的内容
9   #组装 sendmail 方法的邮件主体内容，各段以'/r/n'进行分隔
10  BODY=string.join((
11      'From:%s'%FROM,
12      'To:%s'%TO,
13      'Subject:%s'%SUBJECT,
14      '',
15      text
16      ),'/r/n')
17
18  server=smtplib.SMTP()                            #创建一个 SMTP 对象
19  server.connect(HOST,'25')                        #通过 connect 方法连接 smtp 主机
20  server.starttls()                                #启动安全传输模式
21  server.login('wang123456@163.com','123456')      #邮件账户登录校验
22  server.sendmail(FROM,TO,BODY)                    #邮件发送
23  server.quit()                                    #断开 smtp 连接
24
```

2. email 模块

email 模块用于设计邮件格式，如果想在邮件中携带附件、使用 html 书写邮件、附带图片等，就需要使用 email 模块及其子模块。email 模块包含许多子模块，其中比较重要的 email.mime，它用于创建 email 和 MIME 对象，使得用户可以在邮件中携带附件、图片、音频等。

【例7-9】编写并发送一个携带图片的邮件。代码如下：

```
1    from email.mime.text import MIMEText
2    from email.mime.multipart import MIMEMultipart
3    from email.mime.image import MIMEImage
4    import smtplib
5
6    from_mail = ' wang123456@163.com '
7    to_mail = '12345678@qq.com '
8    msgRoot = MIMEMultipart('related')
9    msgRoot['Subject'] = 'test message'
10
11   #构造附件
12   att = MIMEText(open('h:\\python\\1.jpg', 'rb').read(), 'base64', 'utf-8')
13   att["Content-Type"] = 'application/octet-stream'
14   att["Content-Disposition"] = 'attachment; filename="1.jpg"'
15   msgRoot.attach(att)
16
17   server=smtplib.SMTP()                                    #创建一个 SMTP 对象
18   server.connect(HOST,'25')                                #通过 connect 方法连接 smtp 主机
19   server.starttls()                                        #启动安全传输模式
20   server.login('wang123456@163.com','123456')              #邮件账户登录校验
21   server.sendmail(FROM,TO, msgRoot.as_string())            #邮件发送
22   server.quit()                                            #断开 smtp 连接
```

7.5.3 接收邮件

接收邮件使用 POP 或 IMAP，Python 使用 poplib 模块支持 POP3，imaplib 包支持 IMAP4。

1. 使用 POP3 接收邮件

poplib 模块的主要方法见表 7-6。

表 7-6 poplib 类的主要方法

方　　法	功　　能
POP3(server)	实例化 POP3 对象，server 是 pop 服务器地址
user(username)	发送用户名到服务器，等待服务器返回信息
pass_(password)	密码
stat()	返回邮箱的状态，返回 2 元组（消息的数量，消息的总字节）
list([msgnum])	stat()的扩展，返回一个 3 元组（返回信息，消息列表，消息的大小），如果指定 msgnum，就只返回指定消息的数据
retr(msgnum)	获取详细 msgnum，设置为已读，返回 3 元组（返回信息，消息 msgnum 的内容，消息的字节数），如果指定 msgnum，就只返回指定消息的数据
dele(msgnum)	将指定消息标记为删除
quit()	结束连接，退出

使用 POP3 接收邮件的步骤如下。

（1）连接 POP3 服务器（poplib.POP3.__init__()）。

（2）发送用户名和密码进行验证（poplib.POP3.user，poplib.POP3.pass_()）。

（3）获取邮箱中的信件信息（poplib.POP3.stat()）。

（4）收取邮件（poplib.POP3.retr()）。

（5）删除邮件（poplib.POP3.dele()）。

（6）退出（poplib.POP3.quit()）。

【例 7-10】使用 POP3 收取邮件。代码如下：

```
1    #-*- encoding: gb2312 -*-
2    import os, sys, string
3    import poplib
4
5    host = "pop3.163.com"              # pop3 服务器地址
6    username = xxxxxx@163.com          # 用户名
7    password = "xxxxxxx"               # 密码
8    # 创建一个 POP3 对象，连接上服务器
9    pop = poplib.POP3(host)
10   pop.user(username)                 # 向服务器发送用户名
11   pop.pass_(password)                # 向服务器发送密码
12   # 获取服务器上的信件信息，返回的是一个列表，第一项是一共有多少封邮件，第二项是共有多少字节
13   ret = pop.stat()
14   # 取出所有信件的头部，信件 id 是从 1 开始的。
15   for i in range(1, ret[0]+1):
16       mlist = pop.top(i, 0)
17       print ('line: ', len(mlist[1]))
18   # 列出服务器上的邮件信息，每一封邮件都输出 id 和大小。
19   ret = pop.list()
20   print ( ret )
21   # 取第一封邮件的完整信息，在返回值里，是按行存储在 down[1]的列表里的。down[0]是返回的状态信息
22   down = pp.retr(1)
23   print ('lines:', len(down))
24   for line in down[1]:               # 输出邮件
25       print (line)
26   pop.quit()                         # 退出
```

2. 使用 IMAP

Imaplib 模块支持 IMAP4，常用的方法见表 7-7。

表 7-7 imaplib 模块常用方法

方　　法	功　　能
IMAP4(server)	连接 IMAP 服务器
login(user, pass)	使用用户名、密码登录
list()	查看所有的文件夹（IMAP 支持创建文件夹）
select()	选择文件夹，默认是 "INBOX"
search()	搜索邮箱以匹配消息

【例 7-11】利用 IMAP 编写邮件接收程序。代码如下：

```
1   import imaplib
2   mailserver = imaplib.IMAP4_SSL('imap.163.com', 993)      #服务器地址、端口
3   username = '***********'                                  #用户名
4   password = '***********'                                  #密码
5   mailserver.login(username, password)                      #登录
```

```
6    mailserver.select()                                    #选择文件夹
7    typ, data = mailserver.search(None, 'ALL')             #选择全部邮件
8    for num in data[0].split():
9        typ, data = mailserver.fetch(num, '(RFC822)')      #取出邮件信息
10       print ('Message %s\n%s\n' % (num, data[0][1]))     #显示相应信息
11   mailserver.close()                                     #关闭连接
12   mailserver.logout()                                    #退出登录
```

7.6 编程实践

【例 7-12】利用 Socket 编写一个聊天程序，客户端聊天界面如图 7-8 所示。单击"发送"按钮可以发送消息，并显示到界面中；单击"设置"按钮可以改变用户名。服务器显示的信息如图 7-9 和图 7-10 所示。

图 7-8 聊天界面

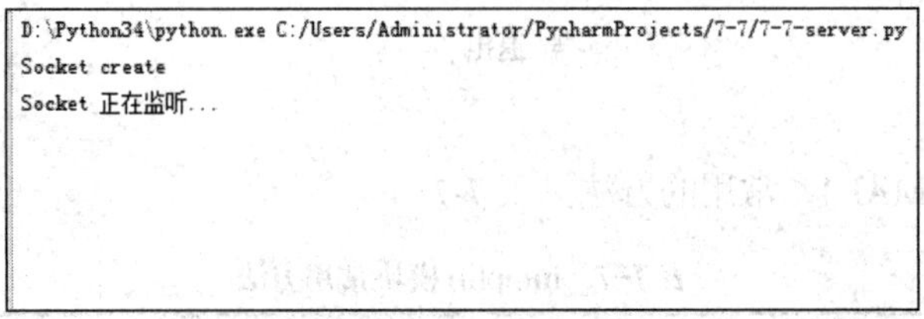

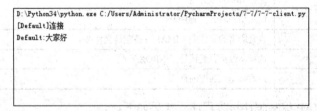

图 7-9 服务器启动界面

图 7-10 服务器接收和发送信息界面

服务器端主要代码如下：

```
1    #coding:utf-8
2
3    import socket
```

```
4    import threading
5    host = 'localhost'
6    port = 8805
7    username = ''
8    clients = []
9
10   def server(sock, addr):
11       while 1:
12           try:
13               print ('等待数据…')
14               data = sock.recv(1024)
15               if not data:
16                   break
17               for c in clients:
18                   c.send(data)
19               print (str(data,encoding="utf8"))
20           except:
21               break
22       clients.remove(sock)
23       sock.close()
24       print( '[%s:%s] 离开' % (addr[0], addr[1]))
25       print( clients)
26
27   s = socket.socket(socket.AF_INET, socket.SOCK_STREAM)
28   print( 'Socket create')
29   s.bind((host, port))
30   s.listen(3)
31   print( 'Socket 正在监听…')
32
33   while 1:
34       client, addr = s.accept()
35       username = client.recv(1024)
36       clients.append(client)
37       print( '[%s:%s:%s] 加入!' % (addr[0], addr[1], username))
38       print(clients)
39
40       thread = threading.Thread(target = server, args = (client, addr))
41       thread.start()
```

客户端主要代码如下：

```
1    #coding:utf-8
2    import socket
3    import threading
4    import sys
5    import time
6    from PyQt5.QtGui import *
7    from PyQt5.QtCore import *
8    from PyQt5.QtWidgets import *
9    host = 'localhost'
10   port = 8805
11   username = 'Default'
12
13   class Client(QWidget):
14       def __init__(self, parent = None):
15           super(Client, self).__init__(parent)
```

```python
16              self.setWindowTitle('聊天程序客户端')
17              self.setNameWidget = QWidget()
18              self.layout = QGridLayout(self)
19              self.setNameLayout =QGridLayout(self.setNameWidget)
20              self.btnSend = QPushButton('发送')
21              self.btnSet = QPushButton('设置')
22              self.input = QLineEdit()
23              self.name = QLineEdit('Default')
24              self.chat = QTextEdit()
25              self.label = QLabel('用户名:')
26              self.timer = QTimer()
27              self.messages = []
28              self.build()
29              self.createAction()
30              recvThread = threading.Thread(target = self.recvFromServer)
31              recvThread.setDaemon(True)
32              recvThread.start()
33
34      def sendToServer(self):
35          global username
36          text = str(self.input.text())
37          self.input.setText('')
38          if text == 'q':
39              self.exit()
40          elif text.strip() == '':
41              return
42          try:
43              sendstr=username+':'+text
44              #s.send(sendstr.encode())
45              s.send(bytes(sendstr, encoding="utf8"))
46              print(sendstr)
47          except:
48              self.exit()
49
50      def recvFromServer(self):
51          while 1:
52              try:
53                  data = s.recv(1024)
54                  # str(data,encoding="utf8")用"utf8"进行解码
55                  accept_data= str(data,encoding="utf8")
56                  if not accept_data:
57                      exit()
58                  self.messages.append(accept_data)
59              except:
60                  return
61
62      def showChat(self):
63          for m in self.messages:
64              self.chat.append(m)
65          self.messages = []
66
67      def slotExtension(self):
68          global username
69          name = str(self.name.text())
70          if name.strip() != '':
```

```
71                username = name
72                print(username)
73             self.setNameWidget.hide()
74
75     def exit(self):
76         s.close()
77         sys.exit()
78
79     def build(self):
80         self.layout.addWidget(self.chat, 0, 0, 5, 4)
81         self.layout.addWidget(self.input, 5, 0, 1, 4)
82         self.layout.addWidget(self.btnSend, 5, 4)
83         self.setNameLayout.addWidget(self.label, 0, 0)
84         self.setNameLayout.addWidget(self.name, 0, 1)
85         self.setNameLayout.addWidget(self.btnSet, 0, 4)
86         self.layout.addWidget(self.setNameWidget, 6, 0)
87         self.layout.setSizeConstraint(QLayout.SetFixedSize)
88
89     def createAction(self):
90         self.btnSend.clicked.connect(self.sendToServer)
91         self.btnSet.clicked.connect(self.slotExtension)
92         self.timer.timeout.connect(self.showChat)
93         self.timer.start(1000)
94
95
96  s = socket.socket(socket.AF_INET, socket.SOCK_STREAM)
97  s.connect((host, port))
98  s.send(username.encode())
99  print( '[%s]连接' % username)
100 app = QApplication(sys.argv)
101 c = Client()
102 c.show()
103 app.exec_()
```

【例 7-13】利用 ftplib 模块编写一个 FTP 客户端程序，实现 FTP 服务器的登录、文件的上传和下载，界面如图 7-11 所示。

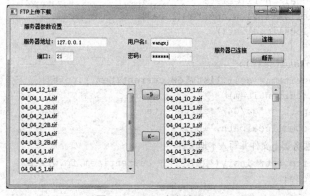

图 7-11　FTP 客户端程序

本程序使用 PyQt 进行界面设计，程序主要代码如下：

```
1   # -*- coding: utf-8 -*-
2   from PyQt5 import QtCore, QtGui, QtWidgets
3   import sys
```

```python
4   import os
5   from ftplib import FTP
6
7   class Ui_Form(object):
8       def setupUi(self, MainWindow):
9           .
10          .
11          .
12          self.pushButton.clicked.connect(self.ftp_connect)           #连接按钮
13          self.pushButton_2.clicked.connect(self.ftp_disconnect)      #断开按钮
14          self.pushButton_3.clicked.connect(self.download)            #下载按钮
15          self.pushButton_4.clicked.connect(self.upload)              #上传按钮
16          .
17          .
18          .
19
20      def localfilelist(self):                                        #本地文件列表
21          localfile = os.listdir('g:/04')                             #获取本地文件列表
22          for Local in localfile:
23              self.listView_2.addItem(Local)                          #将文件加入列表框中
24
25      def ftp_connect(self):                                          #FTP 连接
26          host=self.lineEdit_ip.text()                                #获取输入主机名
27          port=int(self.lineEdit_port.text())                         #获取输入的端口
28          username=self.lineEdit_username.text()                      #获取输入用户名
29          password=self.lineEdit_password.text()                      #获取输入密码
30          self.ftp = FTP()
31          self.ftp.connect(host, 21)                                  #连接 FTP 服务器
32          self.ftp.login(username, password)                          #登录
33          self.label_state.setText('服务器已连接')
34          filelist=self.ftp.nlst()                                    #取得服务器文件列表
35          self.dir=self.ftp.pwd()
36          for Local in filelist:
37              self.listView.addItem(Local)
38          self.localfilelist()
39
40      def download(self):                                             #文件下载
41          currentitem = self.listView.currentItem().text()
42          print(currentitem)
43          localpath = 'g:/04/'+currentitem
44          fp = open(localpath,'wb')                                   #以写模式在本地打开文件
45          #接收服务器上文件并写入本地文件
46          self.ftp.retrbinary('RETR ' + currentitem,fp.write)
47          fp.close()
48
49      def upload(self):                                               #文件上传
50          updownfile = self.listView_2.currentItem().text()
51          remotepath = "/"+updownfile
52          fp = open('g:/04/'+updownfile,'rb')
53          self.ftp.storbinary('STOR '+ remotepath ,fp)                #上传文件
```

```
54      fp.close()                          #关闭文件
55
56  def ftp_disconnect(self):
57      self.ftp.quit()
```

7.7 习题

1. 单选题

（1）TCP/IP 是指（　　）。
　　A．TCP 和 IP　　　　B．物理层协议　　　　C．TCP/IP 协议族　　　　D．网络层协议
（2）电子邮件服务采用的通信协议是（　　）。
　　A．FTP　　　　　　B．HTTP　　　　　　　C．SMTP　　　　　　　D．Telnet
（3）文件传输服务采用的通信协议是（　　）。
　　A．FTP　　　　　　B．HTTP　　　　　　　C．SMTP　　　　　　　D．Telnet
（4）利用 FTP 功能在网上（　　）。
　　A．只能传输文本文件
　　B．只能传输二进制码格式的文件
　　C．可以传输任何类型的文件
　　D．传输直接从键盘上输入的数据，不是文件
（5）统一资源定位器的英文缩写是（　　）。
　　A．Http　　　　　　B．WWW　　　　　　　C．URL　　　　　　　　D．FTP
（6）URL 的一般格式是（　　）。
　　A．传输协议，域名，文件名　　　　　　　B．文件名，域名，传输协议
　　C．文件名，传输协议，域名　　　　　　　D．域名，文件名，传输协议
（7）WWW 服务采用的通信协议是（　　）。
　　A．FTP　　　　　　B．HTTP　　　　　　　C．SMTP　　　　　　　D．Telnet
（8）TCP/IP 参考模型中，应用层协议常用的有（　　）。
　　A．TELNET，FTP，SMTP 和 HTTP　　　　B．TELNET，FTP，SMTP 和 TCP
　　C．IP，FTP，SMTP 和 HTTP　　　　　　　D．IP，FTP，DNS 和 HTTP
（9）将数据从 FTP 服务器传输到 FTP 客户机上，称之为（　　）。
　　A．数据下载　　　　B．数据上传　　　　　C．数据传输　　　　　D．FTP 服务
（10）若 FTP 地址为 ftp://123:213@333.18.8.241,则该地址中的 "123" 的含义是 FTP 服务器的
（　　）。
　　A．端口　　　　　　B．用户名字　　　　　C．用户密码　　　　　D．连接次数
（11）Socket 类中用于绑定地址（主机，端口号对）的方法是（　　）。
　　A．bind()　　　　　B．listen()　　　　　　C．accept()　　　　　　D．send()
（12）Socket 类中用于初始化服务器连接的方法是（　　）。
　　A．bind()　　　　　B．listen()　　　　　　C．accept()　　　　　　D．connect()
（13）Socket 类中用于发送 TCP 数据的方法是（　　）。

A. send()   B. listen()   C. accept()   D. connect()

（14）Socket 类中用于接收 TCP 数据的方法是（ ）。

A. recv()   B. send()   C. listen()   D. accept()

（15）Python3.x 中 urlllib 包用于打开或浏览 url 的模块是（ ）。

A. urllib.request   B. urllib.error

C. urllib.parse   D. urllib.robotparser

（16）httplib 包中用于连接到 HTTP 服务器的方法是（ ）。

A. request()   B. getresponse()   C. connect()   D. close()

（17）httplib 包中用于关闭与 Http 服务器的连接的方法是（ ）。

A. request()   B. getresponse()   C. connect()   D. close()

（18）ftplib.FTP 包中用于连接 FTP 服务器的方法是（ ）。

A. connect()   B. login()   C. cwd()   D. mkd()

（19）ftplib.FTP 包中用于关闭 FTP 服务器连接的方法是（ ）。

A. connect()   B. login()   C. cwd()   D. mkd()

2．填空题

（1）Internet 上最基本的通信协议是_____协议。

（2）TCP/IP 模型由低到高分别为_____、_____、_____、_____层次。

（3）TCP/IP 协议族有 IP、TCP 和_____。

（4）在 TCP/IP 中，有两部分信息用来确定一个指定的程序：互联网地址和_____。

（5）一个 TCP/IP 套接字由一个互联网地址以及一个_____唯一确定。

（6）Python3.x 中经常使用_____包处理访问 url 请求与返回信息。

（7）Python3.x 中经常使用_____包进行 FTP 文件的上传/下载。

（8）Python3.x 中经常使用_____包进行电子邮件的发送和接收。

3．编程题

（1）利用 Socket 编写一个简单的聊天程序，实现文字及文件的发送、接收。

（2）编写一个简单的网络爬虫程序，实现网页的抓取。

（3）编写一个 FTP 客户端软件实现文件、文件夹的上传/下载；服务器文件的删除、改名；服务器文件夹的创建及删除。

（4）编写一个简单的邮件收取/发送程序，界面使用 PyQt 设计。

第8章 Python网站开发

本章重点
- MVC 模式的概念及相关术语
- Django 框架的模式
- Django 环境的搭建与数据库的配置
- Django 框架的应用

本章难点
- MVC 模式的概念
- Django 环境的搭建
- Django 框架的应用

8.1 常见的 Web 开发框架

Web 开发框架在 Python 语言中是一个百花齐放的世界,各种 micro-framework、framework 不可胜数。由于 Python Web Framework(Python Web 开发框架)很多,不可能把所有的框架都列出来,下面仅列出了几个用得比较多的框架,并主要介绍 Django Web 框架。

8.1.1 Zope 框架

Zope 由不同 Web 框架集合而成。与其他框架相比,Zope 对于内容管理相对较弱。Zope 主要采用 Python 编写,其中与性能密切相关的部分采用 C 语言编写。使用 Zope 可以更好更快地创建 Web 应用程序。其具有如下特点。
- Zope 是免费的,可以在开放源代码许可证条件下自由分发。
- Zope 是一套完整的平台,它包含了开发应用程序所需的全部组件。
- 允许第三方开发者打包和分发应用程序。
- 允许开发者只使用浏览器就可以创建 Web 应用程序。
- 提供多种可扩展的安全框架,可以运行在大多数计算机操作系统平台中。

8.1.2 TurboGears 框架

TurboGears 是一款非常优秀的 Web 网站开发框架,它由许多个子项目构成,帮助用户把许多重要的组件集成在一起,为用户提供网页前端到后端开发的一个整合的 Web 开发框架。其具有如下特点。

- 不用安装 Apache 网页服务器就可以开始开发网页应用程序。
- 不用安装数据库 MySQL/ PostgreSQL 就可以开发数据库网站。
- 方便的布署能力，有众多插件（Extension）支援。
- 内建网页服务器，ORM、AJAX 能力，默认可以产生 html、json 格式。
- 可扩充的网页接口的工具箱（ToolBox），内含资料模型设计工具（Model Designer）、资料编辑工具（Catwalk）、网站多国语言化工具等。

8.1.3 Django 框架

Django 是一个开源的 Web 应用框架，是一个 full-stack framework，包括了几乎所有 Web 开发用到的模块，session 管理、CSRF 防伪造请求、Form 表单处理、ORM 数据库对象化、自己的 template language，它由 Python 写成。Django 可以更容易地快速构建更好的 Web 应用程序，并且它使用更少的代码。Django 是重量级选手中最有代表性的一位。许多成功的网站和 APP 都基于 Django。Django 遵守 BSD 版权。Django 采用了 MVC 的软件设计模式，即模型 M、视图 V 和控制器 C，主要目标是使开发复杂、数据库驱动的网站变得简单。

1. Django 的历史

2003 年，由 Adrian Holovaty 和 Simon Willison 开发了劳伦斯杂志——世界报纸的一个内部项目。2005 年将其命名为 Django，发布于 2005 年 7 月。2008 年 9 月发布了第一个正式版本 1.0。当前，Django 是由世界各地的贡献者来开发的一个开源项目。

2. Django 的设计理念

Django 自带了以下设计原则。

（1）松耦合：Django 的目的是使其堆栈中的每个元素都独立于其他。

（2）较少编码：较少代码，所以能迅速地开发。

（3）不必再重复（DRY）：一切都应只在一个地方，而不是一次又一次地重复来开发它。

（4）更快的开发：Django 的理念是尽一切所能，便于超高速开发。

（5）干净的设计：Django 严格维护一个干净的设计在其自己的代码，并可以很容易地遵循最佳 Web 开发实践。

3. Django 的优势

（1）对象关系映射（ORM）支持：Django 提供数据模型和数据库引擎之间的桥梁，并支持大量的数据库系统，包括 MySQL、Oracle、Postgres 等。在 Django 中还支持通过 Django-nonrel 支持 NoSQL 数据库。

（2）多种语言支持：Django 通过其内置的国际化系统支持多语种网站。

（3）框架支持：Django 内置了对 Ajax、RSS、缓存和其他各种框架的支持。

（4）管理 GUI：Django 提供用于管理活动的一个很好的用户界面。

（5）开发环境：Django 自带了一个轻量级的 Web 服务器，方便终端到终端应用的开发和测试。

8.2 MVC 模式

8.2.1 MVC 模式介绍

MVC 是三个单词的缩写，分别为：模型（Model）、视图（View）和控制器（Controller）。MVC 模式的目的就是实现 Web 系统的职能分工。Model 层实现系统中的业务逻辑。View 层用于与用户的交互。Controller 层是 Model 与 View 之间沟通的桥梁，它可以分派用户的请求并选择恰当的视图以用于显示，同时它也可以解释用户的输入并将它们映射为模型层可执行的操作。MVC 模式组成结构如图 8-1 所示。

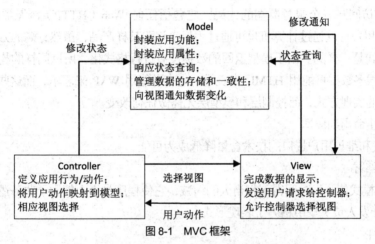

图 8-1　MVC 框架

MVC 是一个设计模式，它强制性地使应用程序的输入、处理和输出分开。使用 MVC 应用程序被分成三个核心部件：模型、视图、控制器。它们各自处理自己的任务。

1. 视图

视图是用户看到并与之交互的界面。对老式的 Web 应用程序来说，视图就是由 HTML 元素组成的界面。在新式的 Web 应用程序中，它还包括 Macromedia Flash 和 XHTML、XML/XSL、WML 等一些标识语言和 Web Services。

2. 模型

模型表示企业数据和业务规则。在 MVC 的三个核心部件中，模型拥有最多的处理任务。例如它可能用像 EJBs 和 ColdFusion Components 这样的构件对象来处理数据库。被模型返回的数据是中立的，就是说模型与数据格式无关，这样一个模型能为多个视图提供数据。由于应用于模型的代码只需写一次就可以被多个视图重用，所以减少了代码的重复性。

3. 控制器

控制器接受用户的输入并调用模型和视图去完成用户的需求。所以当单击 Web 页面中的超链接和发送 HTML 表单时，控制器本身不输出任何东西和做任何处理。它只是接收请求并决定调用哪个模型构件去处理请求，然后再确定用哪个视图来显示返回的数据。

8.2.2 MVC 模式的优缺点

1. MVC 模式的优点

（1）低耦合性

视图层和业务层分离，这样就允许更改视图层代码而不用重新编译模型和控制器代码，同样，一个应用的业务流程或者业务规则的改变只需要改动 MVC 的模型层即可。因为模型与控制器和视图相分离，所以很容易改变应用程序的数据层和业务规则。

（2）高重用性和可适用性

随着技术的不断进步，现在需要用越来越多的方式来访问应用程序。MVC 模式允许使用各种不同样式的视图来访问同一个服务器端的代码。它包括任何 Web（HTTP）浏览器或者无线浏览器（WAP），比如，用户可以通过计算机也可通过手机来订购某样产品，虽然订购的方式不一样，但处理订购产品的方式是一样的。由于模型返回的数据没有进行格式化，所以同样的构件能被不同的界面使用。例如，很多数据可能用 HTML 来表示，也有可能用 WAP 来表示，而这些表示所需要的命令是改变视图层的实现方式，而控制层和模型层无需做任何改变。

（3）较低的生命周期成本

MVC 使开发和维护用户接口的技术含量降低成为可能。

（4）快速的部署

使用 MVC 模式使开发时间得到相当大的缩减，它使程序员集中精力于业务逻辑，界面程序员（HTML 和 JSP 开发人员）集中精力于表现形式上。

（5）可维护性

分离视图层和业务逻辑层也使得 Web 应用更易于维护和修改。

（6）有利于软件工程化管理

由于不同的层各司其职，每一层不同的应用具有某些相同的特征，有利于通过工程化、工具化管理程序代码。

2. MVC 模式的缺点

（1）增加了系统结构和实现的复杂性

对于简单的界面，严格遵循 MVC，使模型、视图与控制器分离，会增加结构的复杂性，并可能产生过多的更新操作，降低运行效率。

（2）视图与控制器间过于紧密的连接

视图与控制器是相互分离又紧密联系的部件，视图没有控制器的存在，其应用是很有限的，反之亦然，这样妨碍了它们的独立重用。

（3）视图对模型数据的低效率访问

依据模型操作接口的不同，视图可能需要多次调用才能获得足够的显示数据。对未变化数据的不必要的频繁访问，也将损害操作性能。

8.2.3 Django 框架中的 MVC

Django 紧紧地遵循 MVC 模式，是一种 MVC 框架。以下是 Django 中 M、V、C 各自的含义。

M：数据存取部分，由 Django 数据库层处理。

V：选择显示哪些数据要显示以及怎样显示的部分，由视图和模板处理。

C：根据用户输入委派视图的部分，由 Django 框架根据 URLconf 设置，对给定 URL 调用适当的 Python 函数。

由于在 Django 中，控制器接受用户输入的部分由框架自行处理，而 Django 更关注的是模型（Model）、模板（Template）和视图（Views），Django 也被称为 MTV 框架。在 MTV 开发模式中：

M：代表模型（Model），即数据存取层。该层处理与数据相关的所有事务：如何存取、如何验证有效性、包含哪些行为以及数据之间的关系等。

T：代表模板（Template），即表现层。该层处理与表现相关的决定：如何在页面或其他类型文档中进行显示。

V：代表视图（View），即业务逻辑层。该层包含存取模型及调取恰当模板的相关逻辑。可以把它看作模型与模板之间的桥梁。MVT 结构如图 8-2 所示。

需要注意的是，不能简单地把 Django 视图认为是 MVC 控制器，把 Django 模板认为 MVC 视图。区别在于：Django 视图不处理用户输入，而仅仅决定要展现哪些数据给用户；Django 模板仅仅决定如何展现 Django 视图指定的数据。可以认为 Django 将 MVC 中的视图进一步分解为 Django 视图和 Django 模板两个部分，分别决定"展现哪些数据"和"如何展现"。

MVC 控制器部分，由 Django 框架的 URLconf 来实现。URLconf 设计非常巧妙，其机制是使用正则表达式匹配 URL，然后调用合适的 Python 函数。

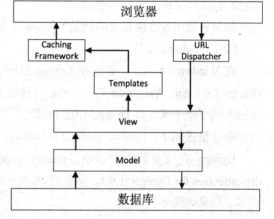

图 8-2　MVT 结构

8.3　Django 开发环境的搭建

Django 开发环境的安装和设置包括 Python、Django 和数据库系统，由于 Django 处理 Web 应用程序，所以也需要设置一个 Web 服务器，用于 Web 应用的发布。

8.3.1　Django 框架的安装

1. 安装 Python

Django 是用 100%纯 Python 代码编写的，所以需要在系统上安装 Python。Django1.9 的版本需要 2.7.3 或高于 2.7.x 的版本，本教程中使用的是 Python3.4 和 Django-1.9.1。

Django 与 Python 版本的对应关系如表 8-1 所示。

表 8-1　Django 与 Python 版本对应关系

Django 版本	Python 版本	Django 版本	Python 版本
1.8	2.7, 3.2 (2016 年底), 3.3, 3.4, 3.5	1.11	2.7, 3.4, 3.5, 3.6
1.9, 1.10	2.7, 3.4, 3.5	2.0	3.5+

2. 安装 Django

Python 是一种与平台无关的语言，Django 是一个 Python Web 框架，与操作系统无关。所以，Django 的安装是很容易的，但安装步骤取决于所在的操作系统。

（1）UNIX/Linux 和 Mac OS X 安装

如果计算机上运行的是 Linux 或 Mac OS 系统，那么可以有两种方式来安装 Django：对于可以使用包管理器的操作系统，可以使用 easy_install 或 pip 安装；或者手动安装下载的官方压缩包。

例如，手动下载了 Django-x.xx.tar.gz 压缩包，其安装命令如下：

```
$ tar xzvf Django-x.xx.tar.gz
$ cd Django-x.xx
$ sudo python setup.py install
```

安装后，可以通过运行下面的命令来测试安装是否成功。

```
$ django-admin.py --version
```

如果看到出现在屏幕上的当前 Django 版本，那么说明一切都设置好了。

（2）Windows 安装

在 Windows 系统下，首先在 Django 官网上下载 Django-1.9.1.zip，解压缩该文件。然后在解压文件夹下输入以下命令来完成 Django 1.9 的安装。

命令格式如下：`python setup.py install`

Django 完成安装后，显示 Finished processing dependencies for Djang==1.9.1，标志着 Django 的安装完毕。结果如图 8-3 所示。

测试 Django 是否安装成功，可以打开 Python Shell(IDLE (Python GUI))，Python Shell 交互以 ">>>" 开始，使用下边的命令来查看 Django 1.9 安装是否成功。如图 8-4 所示。Django 框架安装到 python 文件夹下的 site-packages 文件夹中。

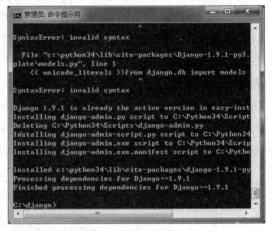

图 8-3 Django 安装成功

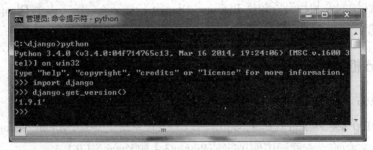

图 8-4 Django 安装测试

3. 数据库和 Web 服务器安装

（1）数据库安装

Django 支持 MySQL、PostgreSQL、SQLite 3、Oracle、MongoDb 等几种主要的数据库引擎，用户可以根据需要，选择安装相应的数据库。

其中 SQLite3 数据库已经集成在 Python3.4 中了,该数据库不需要安装,可以直接使用。本书中使用 MySQL 数据库进行 Web 的开发。

(2) Web 服务器安装

Django 自带了一个轻量级的 Web 服务器,可用于开发和测试应用程序。但该服务器仅用于应用程序测试,不能发布 Web 应用程序。

Django 支持 Apache 和其他流行的 Web 服务器,要发布开发的网站,需要使用 Apache 服务器。安装 Apache 服务器后,要使 Apache 支持 Python,需要模块 mod_wsgi 的支持,该模块可以从 mod_wsgi 官网下载。

(3) Wamp 集成环境的安装

数据库和 Web 服务器的安装,也可以使用现有的集成开发环境,例如 wamp、xampp 等,这些集成开发环境中包含 Apache 服务软件、MySQL 数据库软件等。本书中采用的是集成开发环境 PyCharm、数据库采用 MySQL。

8.3.2 Django 简单应用

【例 8-1】编写一个简单的网页,显示"当前时间"及"大家好!欢迎使用 Python"。

(1) 打开 PyCharm,新建一个 Django 的项目,文件的位置可以随意。这里命名为 mysite,输入项目的应用名:mysiteapp,创建一个 Django 项目,如图 8-5 所示。

创建 Django 项目 mysite 后,在 mysite 文件夹下,出现了如下文件,如图 8-6 所示。在程序开发过程中,需要对这些文件进行相应配置。

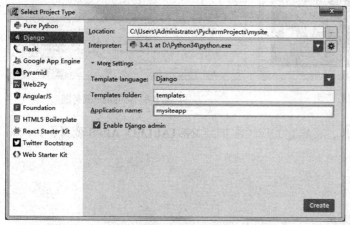
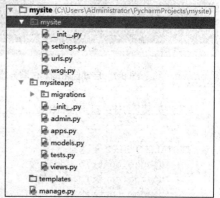

图 8-5 创建 Django 项目　　　　　　图 8-6 Django 项目文件结构

__init__.py: 一个空文件,用来说明该目录是一个 Python 开发包,一般不需要修改。

manage.py: 一个命令行工具,可以让用户以多种方式与 Django 项目交互。键入 python manage.py help 可以浏览它的功能。用户一般不需要编辑这个文件。

settings.py: 有关 Django 项目的配置,包括数据库信息、调试标志以及其他一些重要的变量。Django 配置都有默认配置和自定义配置两种。如果需要自定义配置,可以在创建的项目文件夹下的 settings.py 文件中进行。而默认配置定义在 django\conf\global_settings.py 文件中。在这两种配置中,首先使用默认配置，然后，自定义配置覆盖默认配置。

urls.py：Django 项目的 URL 配置，指出什么样的 URL 调用什么的视图。

wsgi.py：与 WSGI 兼容的 Web 服务器的入口，用于运行当前项目。WSGI（Python Web Server Gateway Interface，Web 服务器网关接口）是为 Python 语言定义的 Web 服务器和 Web 应用程序或框架之间的一种简单而通用的接口。

（2）验证项目是否正常

进入项目 mysite 文件夹，启动 Django 自带的测试服务器。启动服务器命令为：

Python manage.py runserver

启动服务器操作如图 8-7 所示。

或在 PyCharm 集成环境中加载并运行 manage.py 文件：按 Ctrl+Alt+R 组合键，在弹出的消息框中输入任务名称 runserver 后按"回车"键。

服务器启动成功后，如果要退出服务，在图 8-7 所示窗口中按 Ctrl+Break 组合键可退出服务；如果要查看服务器运行情况，在浏览器中访问：http://127.0.0.1:8000，如图 8-8 所示。在浏览器中显示"It worked！"时，说明 Django 开发环境搭建成功了。

图 8-7　启动自带的测试服务器

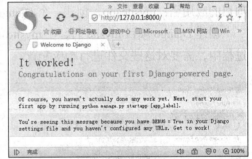

图 8-8　访问测试服务器

（3）安装应用：打开 setting.py 文件，将建立的应用添加到 INSTALLED_APPS 变量中，代码如下：

```
INSTALLED_APPS = [
    'django.contrib.admin',
    'django.contrib.auth',
    'django.contrib.contenttypes',
    'django.contrib.sessions',
    'django.contrib.messages',
    'django.contrib.staticfiles',
    'mysiteapp'                    #添加应用 ]
```

（4）打开 mysiteapp 文件夹下的 views.py，添加如下代码：

```
1    import datetime
2    import django.http.HttpResponse
3    def sayHello(request):
4        s = '大家好!欢迎使用Python'
5        current_time = datetime.datetime.now()
6        html = '<html><head></head><body><h1> %s </h1><p> %s\
```

```
7            </p></body></html>' % (s, current_time)
8        return django.http.HttpResponse(html)
```

（5）修改项目文件夹里的 urls.py 文件，将 url(r'^sayhello/$',sayhello),映射添加到 urlpatterns 中，代码如下：

```
1   from django.conf.urls import url
2   from django.contrib import admin
3   from mysiteapp.views import sayHello    #导入 sayHello()函数
4   urlpatterns = [
5       url(r'^admin/', admin.site.urls),
6       url(r'^sayhello/$',sayHello),       #加入映射
7   ]
```

重新启动项目，在浏览器中输入 http://127.0.0.1:8000/sayhello 就会看到图 8-9 所示的结果。

图 8-9　页面运行结果

8.4　Django 框架的应用

8.4.1　数据库的配置

1．Django 数据库配置基础

在创建了 Django 项目后，在项目的文件夹中有 settings.py 文件，该文件是一个有关 Django 项目配置的文件，包含了代表 Django 设置的模块级变量。Django 数据库配置就是通过修改 settings.py 文件中 DATABASES 变量的设置来实现的。

Django 中无论使用哪种数据库服务器，均应首先下载和安装对应的数据库和数据库适配器。不同数据库引擎设置、数据库和数据库适配器的对应关系，如表 8-2 所示。

表 8-2　数据库引擎设置

设　　置	数据库	适配器
postgresql	PostgreSQL	psycopg 版本 1.x
postgresql_psycopg2	PostgreSQL	psycopg 版本 2.x
mysql	MySQL	MySQLdb /pymysql
sqlite3	SQLite	Python 2.5+ 内建
oracle	Oracle	cx_Oracle

表中 MySQL 数据库适配器有多种，根据 Python 版本的不同选择不同的适配器。

Settings.py 文件中的 DATABASES 模块级变量的设置，如下面代码所示。

```
DATABASES = {
```

```
        'default': {
            'ENGINE': 'django.db.backends.mysql',      # 数据库引擎
            'NAME': 'student',                          # 数据库名称
            'USER': 'root',                             # 数据库用户名
            'PASSWORD': '123456',                       # 数据库密码
            'HOST': '127.0.0.1',                        # 数据库主机, 留空默认为 localhost
            'PORT': '3306',                             # 数据库端口
        }
    }
```

说明:

(1) 'ENGINE': 数据库引擎, 即数据库服务器, 其设置的值可以是:

'django.db.backends.postgresql', 对应 PostgreSQL 数据库。

'django.db.backends.postgresql_psycopg2', 对应 PostgreSQL 数据库。

'django.db.backends.mysql', 对应 MySQL 数据库。

'django.db.backends.sqlite3', 对应 SQLite 数据库。

'django.db.backends.oracle', 对应 Oracle 数据库。

(2) 'NAME': 数据库名称。如果使用 MySQL 数据库, 则其值为数据库的名字; 如果使用 SQLite 数据库为计算机上的一个文件, NAME 将是数据库文件的完整的绝对路径。如果该文件不存在, 它会在第一次同步数据库时自动创建。当指定路径时使用正斜杠, 例如:

`"C:/homes/user/mysite/sqlite3.db"`

(3) 'USER': 数据库用户名, 即告诉 Django 用哪个用户连接数据库 (SQLite 下不需要该项设置)。

(4) 'PASSWORD': 数据库密码, 即告诉 Django 连接用户的密码 (SQLite 下不需要该项设置)。

(5) 'HOST': 数据库主机地址, 即告诉 Django 连接哪一台主机的数据库服务器。如果数据库服务器是同一台物理机器, 此处为空 (或为 127.0.0.1) (SQLite 下不需要该项设置)。

(6) 'PORT': 数据库服务器端口, 即告诉 Django 连接数据库时使用哪个端口 (SQLite 下不需要该项设置)。

2. Django 中 SQLite3 数据库的配置

Python2.5 以后的版本中, 都内置了 SQLite3 数据库和 SQLite 适配器, 成为了内置模块, 所以 SQLite 数据库不需要安装, 直接使用即可。Django 默认支持 SQLite3 数据库。使用 django-admin.py 创建的新项目中, 默认使用 SQLite3 数据库, 其在 settings.py 文件中关于数据库的初始配置如下面代码所示。

```
DATABASES = {
    'default': {
        'ENGINE': 'django.db.backends.sqlite3',
        'NAME': os.path.join(BASE_DIR, 'db.sqlite3'),
    }
}
```

3. Django 使用 MySQL 数据库

(1) Python 连接 MySQL 数据库的常用驱动程序

常用驱动程序如下所示。

① MySQLdb(mysql-python)：

特点：只支持到Python2，对Python3支持不好。

② Mysqlclient：

特点：MySQLdb 的一个分支，它支持 Python3。

③ PyMySQL：

特点：纯 Python 的 MySQL 驱动。

④ MySQL connector for python：

特点：纯 Python 的 mysql 驱动。

（2）安装驱动

选择 MySQL 作为数据库服务器，必须安装其对应的 MySQL 数据库驱动程序。因为 MySQLdb 不支持 Python3.2 以上的版本，所以需要安装其他的适应 Python3.2 以上版本的驱动。

可以选择安装 PyMySQL 驱动，作为 Django 操作 MySLQ 的适配器。其安装命令为：

```
Pip install pymysql
```

也可以选择 MySQL connector for python 驱动，作为 Django 操作 MySLQ 的适配器。该驱动有二进制版本，可以下载到 Windows 系统中，直接安装。

在 PyCharm 中通过 "File→DeFault Settings→DeFault Project→Project Interpreter" 可以轻松安装 PyMySQL 驱动。

（3）配置数据库

在 Django 项目中的 settings.py 配置文件中修改 DATABASES 的设置，见 8.3.2 节。

（4）修改__init__.py 文件

在项目同名文件夹下的__init__.py 中，加入如下代码，才能应用安装的 MySQL 驱动，否则会报错。在文件中加入的代码如下：

```
import pymysql
pymysql.install_as_MySQLdb()
```

如果不在__init__.py 文件中加入如上代码，就会出现如下报错信息：django.core.exceptions. ImproperlyConfigured:Error loading MySQLdb module: No module named 'MySQLdb'。

8.4.2 创建数据模型

1. ORM

对象关系映射（Object Relational Mapping，ORM）是通过使用描述对象和数据库之间映射的元数据，将程序中的对象自动持久化到关系数据库中。Django 的 ORM 位于框架的中心，介于数据模型（在 django.db.models.Model 类之上构建的 Python 类）和基础关系数据库对象之间。简单来说，Django 的 ORM 机制就是把底层的关系数据库和 Python 的面向对象特质联系起来。模型类映射数据表，对模型的操作直接反映到底层的数据表，即类代表了表，对象代表了其中的每一行，而对象的属性则代表了列。所以定义数据模型之后，通过映射到基础数据库中的 Python 对象，来创建、检索、更新以及删除数据库数据。

2. 常用的模型数据类型

Django 常用的数据模型字段见表 8-3。

表 8-3 Django 常用的数据模型字段类型

类 型	参 数	含 义
AutoField		ID 自增的 IntegerField
BooleanField		真/假（true/false）字段
CharField	(max_length)	字符串字段，适用于中小长度的字符串。对于长段的文字，请使用 TextField
CommaSeparatedIntegerField	(max_length)	用逗号分隔开的整数字段
DateField	([auto_now], [auto_now_add])	日期字段
DateTimeField		时间日期字段，接受与 DateField 一样的额外选项
EmailField		能检查是否是有效的电子邮件地址的 CharField
FileField	(upload_to)	文件上传字段
FilePathField	(path,[match],[recursive])	文件系统中某个目录下的文件名
FloatField	(max_digits,decimal_places)	一个浮点数，对应 Python 中的 float 实例
ImageField	(upload_to, [height_field] ,[width_field])	同 FileField 字段，只不过验证上传的对象是一个有效的图片
IntegerField		整数字段
IPAddressField		IP 地址字段，以字符串格式表示（例如："24.124.1.30"）
NullBooleanField		同 BooleanField 字段，但它支持 None /Null
PhoneNumberField		它是一个 CharField，并且会检查值是否是一个合法的美式电话格式
PositiveIntegerField		和 IntegerField 类似，但必须是正值
PositiveSmallIntegerField		与 PositiveIntegerField 类似，但只允许小于一定值的值，最大值取决于数据库
SmallIntegerField		和 IntegerField 类似，但是只允许在一个数据库相关的范围内的数值（通常是-32768～+32767）
TextField		一个不限长度的文字字段
TimeField		时分秒的时间显示。它接受的可指定参数与 DateField 和 DateTimeField 相同
URLField		用来存储 URL 的字段
XMLField	(schema_path)	它就是一个 TextField，只不过要检查值是匹配指定 schema 的合法 XML

3. 创建数据模型

【例 8-2】创建一个 Django 数据模型，并生成数据库表。

打开 mysite 文件夹中的 models.py 文件，在文件中创建如下代码：

```
1    From Django.db import models
2    #创建模型
3    class Users(models.Model):
4        username = models.CharField(max_length=64)
5        password = models.CharField(max_length=64)
6        registTime = models.DateTimeField()
7        tel=models.CharField(max_length=11)
```

4. 加入站点管理

打开 admin.py 文件，将模块引入站点管理中，语句如下：

```
from django.contrib import admin
from . import models
admin.site.register(models.Users)
```

5. 同步数据库

执行语句：

```
python manage.py makemigrations
python manage.py migrate
```

执行完成后将在 MySQL 数据库中创建 mysiteapp_users 表（APP 名_类名）。

说明：

（1）由于版本不同，有的同步命令语句使用"python manage.py syncdb"语句。

（2）Django 为每张表自动添加一个 id 主键。

（3）Django 中通过"manage.py inspectdb"可以将已有的数据库表生成数据模型。例如：python manage.py inspectdb > models.py。

6. 数据访问

创建了模型以后，Django 自动为这些模型提供了高级的 Python API，可以轻松访问数据库表。

【例 8-3】针对上面的数据模型，插入一条数据，并查看。

运行 python manage.py shell，然后输入下列代码：

```
>>>from mysiteapp.models import Users          #导入数据模型类
>>>user1 = Users(username='zhangsan', password='123456',\
registTime='2017-06-01',tel='13888888888')     #建立对象并赋值
>>>user1.save()                                #保存对象到数据库中
>>>user_list = Users.objects.all()             #读取数据库中的所有记录
>>>user_list                                   #显示所有记录
```

运行结果如下：

```
<QuerySet [<Users: Users object>]>
```

该运行结果并未将记录的详细信息显示出来，为了解决这个问题，需要为 Users 类添加一个方法 __unicode__()。__unicode__() 方法将告诉 Python 如何将对象以 unicode 的方式显示出来。代码如下：

```
def __unicode__(self):
    return u'%s %s %s' % (self.username, self.password,self.tel)
```

为以上模型添加__unicode__()方法后，重新运行 python manage.py shell，即可以看到所需的数据。

8.4.3 创建视图

视图功能简称"View"，是一系列的 Python 函数，它接受一个 Web 请求，并返回一个 Web 响应。此响应可以是 Web 页的 HTML 内容，或重定向，或 404 错误，或 XML 文档，或图像等。创建视图就是在 views.py 文件中创建视图函数（页面函数）。当 Django 服务器接收到特定的 url 后，通过 url 的路由找到相应的视图函数，调用该特定的视图函数，再去 modes 取数据，取到数据后，通过创建模板，Views 函数把响应对象返回给客户端最终显示出来。视图函数是由框架发起调用的，不需要直接调用视图函数。

每个视图函数至少要有一个"request"参数，这是一个触发这个视图、包含当前 Web 请求信息的对象，是类 django.http.HttpRequest 的一个实例。

在 Django 中，视图分为动态视图和静态视图。静态视图就是内容固定不变的视图；动态视图就是内容可以变化的视图。

1. 视图函数的编写

视图要和 url 路由、models、模板文件一起才能把页面显示出来。视图函数在视图文件 views.py 中，建立视图函数代码如下：

```
from django.shortcuts import render
#创建视图
def index(request):
    return render(request,'index.html')
```

视图还可以接受的参数：

```
from django.http import HttpResponse
```

例如：

```
def hello(request, number):
    text = "<h1>welcome to my app number %s!</h1>"% number
    return HttpResponse(text)
```

2. request 对象

request 是一个 HttpRequest 对象。每一个视图总是以一个 HttpRequest 对象作为它的第一个参数。Request 常用的属性如下。

- Path：请求页面的全路径，不包括域名。
- Method：请求中使用的 HTTP 方法的字符串表示，全大写表示。
- GET：包含所有 HTTP GET 参数的类字典对象。
- POST：包含所有 HTTP POST 参数的类字典对象。

3. response 对象

request 和 response 对象起到了服务器与客户机之间信息传递的作用。request 对象用于接收客户端浏览器提交的数据，而 response 对象的功能则是将服务器端的数据发送到客户端浏览器。HttpRequest 对象由 Django 自动创建，但是，HttpResponse 对象就必须自己创建。

每个 view 请求处理方法必须返回一个 HttpResponse 对象，HttpResponse 类在 django.http 模块中。HttpResponse 对象上扩展的常用方法如下。

render()： 页面渲染。

redirect('路径')： 登录跳转。

Locals()：可以直接将函数中所有的变量传给模板。

【例 8-4】在例 8-3 的基础上创建视图。

打开 views.py，输入以下代码：

```
1   from django.shortcuts import render
2   from django.shortcuts import render_to_response
3   from django.http import HttpResponse
4   import datetime
5   from mysiteapp.models import Users
6   def current_datetime(request):
7       # 计算当前日期和时间，并以 datetime.datetime 对象的形式保存为局部变量 now
8       now = datetime.datetime.now()
9       #构建 Html 响应，使用 now 替换占位符%s
10      html = "<html><body>It is now %s.</body></html>" % now
11      #返回一个包含所生成响应的 HttpResponse 对象
12      return HttpResponse(html)
```

```
13
14   def showuser(request):
15       user_list=Users.objects.all()
16       return render_to_response('userlist.html',{'user_list':user_list})
```

程序说明：

程序第 4~5 行：导入数据模型。

程序第 15 行：获得数据库中的所有记录。

程序第 16 行：将结果返回给模板中的"userlist.html"，并将结果保存在 Web 页面变量"user_list"中。

8.4.4 模板系统

Django 模板是一个文本文件，主要用于分割文档的表示（Presentation）和数据。模板中定义了占位符（Placeholders）和各种定义文档应该如何显示的基本逻辑（即模板标签，Template tag）。模板本质上是 HTML，但是夹杂了一些变量和模板标签。这种模板系统的文件可以重用，从而减少代码的冗余和系统设计的复杂性。

1. 模板目录设置

在配置文件 settings.py 中，通过 TEMPLATES_DIRS 属性设置模板目录。

```
TEMPLATES_DIRS=(
    './templates',
)
```

通过上面代码的设置，在 settings.py 文件中，把当前目录下的 templates 作为模板文件的存储地址。用户建立的模板文件就存储在该目录中。

2. Django 模板语言

Django 模板引擎提供了一个小型的语言来定义应用程序面向用户的层。

（1）显示变量

语法格式：{{variable}}

表示给定变量的值插入模板中。

例如，{{username}}，模板由视图在渲染（Render）函数的第三个参数发送的变量来替换变量。

例如，显示当天的日期的模板（hello.html）。

```
<html>
   <body>
      Hello World! <p> Today is {{today}}</p>
   </body>
</html>
```

对应的视图为

```
def hello(request):
   today = datetime.datetime.now().date()
   return render(request, "hello.html", {"today" : today})
```

在浏览器中的显示结果为

```
Hello World!!!
Today is May. 23, 2017
```

（2）过滤器

语法格式：{{var|filters}}

模板过滤器将变量在显示前转换它们的值的方式。

例如：

{{string|truncatewords:80}}——过滤器将截断字符串，只看到前 80 个字符。

{{string|lower}}——转换字符为小写。

{{string|escape|linebreaks}}——转义字符串内容，然后换行转换为标签。

（3）标签

用{% %}包围的是块标签。标签可以执行以下操作：if 条件、for 循环和模板继承等。

① if 标签。表现为逻辑的 if 语句。就像在 Python 中，可以使用 if、else 和 elif 在模板中。例如：

```
<html>
  <body>
    Hello World!!!<p>Today is {{today}}</p>
    We are
    {% if today.day == 1 %}
    the first day of month.
    {% elif today == 30 %}
    the last day of month.
    {% else %}
    I don't know.
    {%endif%}
  </body>
</html>
```

这个模板可以根据当天的日期，显示不同的内容。

② for 标签。与 Python 的 for 语句相似，用于按顺序遍历序列中的每条数据。每次循环模板系统都会渲染{% for %}和{% endfor %}之间的所有内容。

语法格式：

```
{% for 变量 in 列表 [reversed] %}
   ……
{% endfor %}
```

{% for %}标签内置了一个 forloop 模板变量，这个变量含有一些属性可以提供给用户一些关于循环的信息。

- forloop.counter 表示循环的次数，它从 1 开始计数，第一次循环设为 1。
- forloop.counter0 类似于 forloop.counter，但它是从 0 开始计数，第一次循环设为 0。
- forloop.revcounter 表示循环中剩下的 items 数量，第一次循环时设为 items 总数，最后一次设为 1。
- forloop.revcounter0 类似于 forloop.revcounter，但它是表示的数量少一个，即最后一次循环时设为 0。
- forloop.first 当第一次循环时值为 True。
- forloop.last 当最后一次循环时值为 True。
- forloop.parentloop 在嵌套循环中表示父循环的 forloop。

③ ifequal/ifnotequal 标签。用于比较模板中两个变量的值是否相等。

语法格式：

```
{% ifequal user currentuser %}
    <content>
{% endifequal %}
```

说明:

{% ifequal %}比较两个值,如果相等,则显示{% ifequal %}和{% endifequal %}之间的所有内容。和{% if %}一样,{% ifequal %}标签支持{% else %}。

④ block 块标签。{% block %}模板标签,它告诉模板引擎一个子模板可能覆盖模板的这部分内容。

⑤ extends 模板标签。模板继承使用户能够构建一个"骨架"模板,里面包含用户网站的通用部分,并且在里面定义子模板可以覆盖的"块"。

语法格式:{% extends "父模板文件名" %}

说明:这个标签必须在所有模板标签的最前面,否则模板继承不工作。例如:

建立基本模板 base.html,即子模板的框架,它用来定义在其他页面使用的基本 HTML 框架。base.html 经常用来表现网站的整体外观,它的内容很少改变。下面是一个基本模板的例子:

```
<!DOCTYPE HTML PUBLIC "-//W3C//DTD HTML 4.01//EN">
<html lang="en">
<head>
<title>{% block title %}{% endblock %}</title>
</head>
<body>
<h1>My helpful timestamp site</h1>
{% block content %}{% endblock %}
{% block footer %}
<hr>
<p>Thanks for visiting mysite.</p>
{% endblock %}
</body>
</html>
```

创建一个 current_datetme.html 模板来使用基本模板:

```
{% extends "base.html" %}
{% block title %}The current time{% endblock %}
{% block content %}
<p>It is now {{current_date}}.</p>
{% endblock %}
```

基本工作过程如下。

当载入模板 current_datetime.html 时,模板引擎发现{% extends %}标签,并加载父模板 base.html。

模板引擎在 base.html 里发现了 3 个{% block %}标签,就用子模板的内容替换这些块。于是在子模板中定义的{% block title %}和{% block content %}被使用。注意,子模板没有定义 footer 块,那么模板系统直接使用父模板的值。

如果想对整个网站改动,只需要更改 base.html 即可,其他的模板也会立即响应改动。

⑥ 注释标签。Django 模板语言允许注释{# #}。注释标签用来为模板定义注释,不是 HTML 注释,它们将不会出现在 HTML 页面。它可以是一个文件或只是注释一行代码。一个注释不能分成多行。

【例 8-5】定义显示用户信息的模板,名称为:userlist.html。代码如下:

```
1    <!DOCTYPE html>
2    <html lang="en">
3    <head>
4        <meta charset="UTF-8">
5        <title></title>
6    </head>
7    <body>
```

```
8       <table border="1">
9           <tr>
10              <td>用户名</td>
11              <td>密码</td>
12              <td>电话</td>
13          </tr>
14          <tr>
15      {% for post in user_list %}
16              <td>{{ post.username }}</td>
17              <td>{{ post.password}}</td>
18              <td>{{ post.tel }}</td>
19
20          </tr>
21      {% endfor%}
22      </table>
23  </body>
24  </html>
```

程序说明：

程序 15~21 行：遍历变量 user_list，并显示到 Web 页面的表格中，其中 user_list 的值由视图传入。

在 urls.py 文件中加入如下语句：

```
from django.conf.urls import url
from webtest.views import showuser
urlpatterns = [
    url(r'^admin/', admin.site.urls),
    url(r'^time/$', current_datetime),
    url(r'^showuser/$',showuser),
]
```

启动服务器(manage.py runserver)，在浏览中输入：http://127.0.0.1:8000/showuser，显示的结果如图 8-10 所示。

图 8-10 Web 运行界面

8.4.5 URL 配置

在 Django 框架中，urls.py 的配置很关键，它就像是 Django 所支撑网站的目录，本质是 URL 模式以及要为该 URL 模式调用的视图函数之间的映射表。通过该文件告诉 Django，哪个 URL 调用哪段代码。

URl 格式为

```
urlpatterns = [
    url(正则表达式, view 函数, 参数, 别名, 前缀),
]
```

例如上例中的 url(r'^showuser/$',showuser)语句。

表示在地址栏中输入：http://localhost:8000/showuser 时，就访问 mysiteapp 目录下的 views.py 文件中的 showuser()函数。

8.4.6 发布 Django 项目

发布 Django 项目，就是把应用放到 Apache 等 Web 服务器上，供用户浏览使用。Django 框架包含了一个开发服务器，用它调试和测试 Django 应用程序非常方便。但这个服务器只能在本地环境中运行,不能用于网站的发布。因此,需要将 Django 应用程序部署到常用的 Web 服务器上,比如 Apache 或 Lighttpd。项目的发布步骤如下。

(1)安装 Apache2

下载集成服务器软件 wamp2.5,按安装向导安装即可。安装完成后,设置 MySQL 数据的登录密码。

(2)安装 mod_wsgi

WSGI,全称 Web Server Gateway Interface,或者 Python Web Server Gateway Interface,是 Python 专有的,定义了 Python 解释器与 Web 服务器之间的一种简单而通用的接口。

根据 Apache2.5 服务器与 Python 版本,下载符合两者版本对应关系的 mod_wsgi 模块。将下载的.so 文件重命名为 mod_wsgi.so,并复制到 Apache 的 modules 文件夹中,然后,在 Apache 服务器的配置文件 httpd.conf 中加载 mod_wsgi.so 文件。

打开 Apache 的配置文件 httpd.conf,加入如下命令:

```
#加载 mod_wsgi.so 模块
LoadModule wsgi_module modules/mod_wsgi.so
```

重启 Apache,模块 mod_wsgi.so 被加载到服务器中。

(3)发布 django 创建的项目

在 c:\wamp\www\ 目录下,创建 django 目录。

- 复制项目文件夹(mysite)下的所有内容到 c:\wamp\www\django 目录下。
- 配置 Apache 服务器的 httpd.conf 文件。
- 打开 Apache 的配置文件 httpd.conf,加入如下命令:

```
#指定 Django 项目的 wsgi.py 配置文件的路径
WSGIScriptAlias / c:/wamp/www/django/mysite/wsgi.py
#指定项目路径
WSGIPythonPath c:/wamp/www/django/
<Directory c:/wamp/www/django/>    #绝对路径为项目所在目录
  <Files wsgi.py>
    Order deny,allow
    Allow from all
  </Files>
</Directory>
```

(4)修改 settings.py 文件

Django 项目创建时,其状态为调试模式,在发布该程序时,应该关闭调试模式。调试模式的设置在 settings.py 文件中,所以,修改该文件关闭调试模式。

打开 settings.py 文件,找到 debug 与 TemplateDebug 设置,把两项的值设置为 False,即可。

(5)重启 Apache 服务器,在浏览器中输入地址,如果成功显示主页,则表示发布成功。

8.5 Django 框架的高级应用

8.5.1 管理界面

1. Django admin 管理工具

Django 提供了基于 Web 的管理工具。Django 自动管理工具是 django.contrib 的一部分。可以通过项目的 settings.py 文件中的 INSTALLED_APPS 的属性设置实现。

settings.py 文件代码：

```
INSTALLED_APPS=(
    'django.contrib.admin',
    'django.contrib.auth',
    'django.contrib.contenttypes',
    'django.contrib.sessions',
    'django.contrib.messages',
    'django.contrib.staticfiles',
)
```

django.contrib 是一套庞大的功能集，它是 Django 基本代码的组成部分。

2. 激活管理工具

通常在生成项目时会在 urls.py 中自动设置好，只需去掉注释即可激活管理工具。

配置项如下所示：/HelloWorld/HelloWorld/urls.py

文件代码：

```
# urls.py
from django.conf.urls import url
from django.contrib import admin
urlpatterns = [
    url(r'^admin/', admin.site.urls),
]
```

当这一切都配置好后，Django 管理工具就可以运行了。

3. 使用管理工具

启动开发服务器，然后在浏览器中访问 http://127.0.0.1:8000/admin/，得到图 8-11 所示的界面。

可以通过命令"python manage.py createsuperuser"来创建超级用户，创建好后，可以在图 8-12 所示的页面，输入用户名和密码登录，登录后界面如图 8-12 所示。

图 8-11　Django 后台登录界面

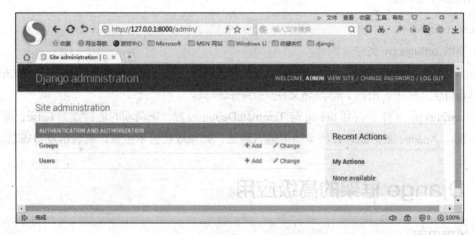

图 8-12　Django 后台管理界面

为了让 admin 界面管理某个数据模型，需要先注册该数据模型到 admin。例如，之前在 mysiteapp 中已经创建了模型 Users。修改 admin.py 文件如下：

```
from django.contrib import admin
from mysiteapp.models import Users
# Register your models here.
admin.site.register(Users)
```

刷新后即可看到 Users 数据表,如图 8-13 所示。

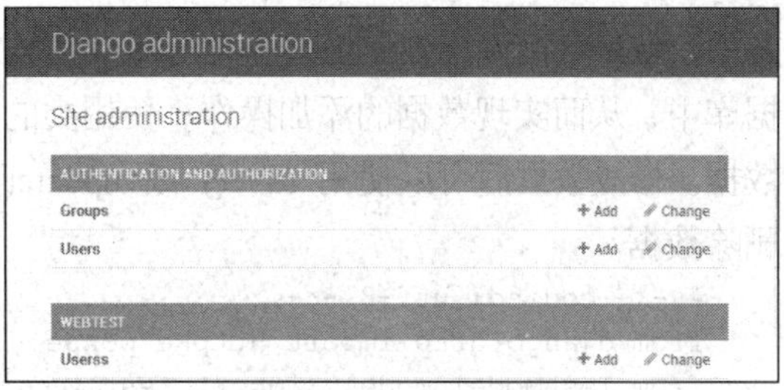

8.5.2 编辑数据库

登录管理界面后,在管理界面中,每个数据模型之后都有两个超链接——Add 和 Change。这是两种不同的操作,实现插入和修改数据库中的数据。

图 8-13 Users 数据表

1. 使用 Django 框架的管理界面向数据表中插入数据

Django 内置的后台管理界面可以实现向数据表插入数据。

(1) 单击 Users 域之后的 "Add" 超链接,页面跳转到增加用户界面,如图 8-14 所示。

(2) 输入相关信息后,单击 "save and addanother" 按钮。

2. 使用 Django 框架的管理界面对数据表数据进行修改

(1) 单击 Users 域之后的 "Change" 超链接,页面跳转,如图 8-15 所示。

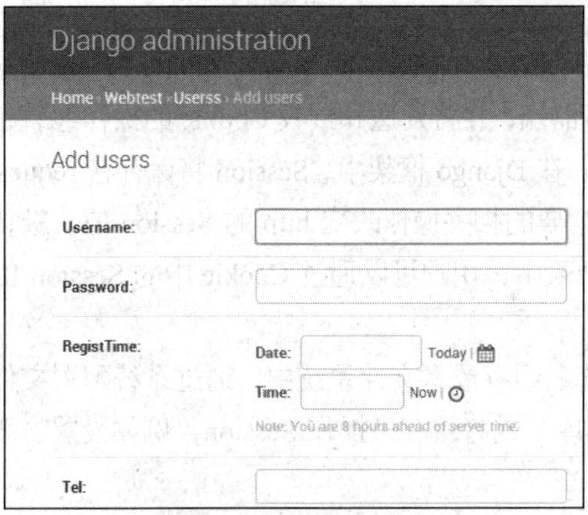

图 8-14 字段编辑界面   图 8-15 修改记录界面

(2) 修改相应的信息后,单击 "save and addanother" 按钮,页面跳转到添加数据界面,并显示前边输入的项目数据修改成功。也可以在此页面中直接删除数据。

3. 使用 Django 框架提供的 dbshell 打开 MySQL,实现数据的显示、添加与删除

(1) 打开命令提示符窗口,使用 cd 命令转换到项目所在目录,执行命令:Python manage.py dbshell,打开 MySQL 提示符界面,如图 8-16 所示。

(2) 在 MySQL 提示符界面,使用 SQL 语句实现数据的显示(select)、添加(insert)与删除(delete)。SQL 语句的使用可以参见第 6 章。

4. 使用 Django 提供的 API 实现数据操作

Django 框架提供了生成数据模型数据的 API

图 8-16 dbshell 运行窗口

方法，就是直接调用数据模型的构造函数生成对象，使用对象的 save()方法将生成的对象保存到数据库中，从而实现数据的添加操作；使用类的 objects 对象的 all()方法可以获得该数据模型的所有数据。修改数据后可以使用 save() 或 update()修改数据库中的数据；使用对象的 delete()方法可以删除数据。

```
# -*- coding: utf-8 -*-
from django.http import HttpResponse
from TestModel.models import test
 # 数据库操作
def testdb(request):
   # 删除 id=1 的数据
   test1 = Test.objects.get(id=1)
   test1.delete()
   # 另外一种方式
   test.objects.filter(id=1).delete()
   # 删除所有数据
   test.objects.all().delete()
   return HttpResponse("<p>删除成功</p>")
```

8.5.3 Session 功能

Django 中的 Session 是一个高级工具,它可以让用户存储个人信息以便在下次访问网站中使用这些信息。Django 完全支持 Session，它将数据保存在服务器端，并将发送和接收 Cookie 的操作包装起来。在 Cookie 中包含的是 Session ID，而不是数据本身。在 Django 框架中，Session 将保存在 request 对象的 Session 值中，此值是一个字典对象，可以通过字典的相关操作改变 http 的 Session 值。默认情况下，Django 会将 Session 保存在 django_session 这个表中，用户可以通过 Cookie 中的 Session ID 对它进行各种操作。

Django 中的 Session 有 3 种存储方式：放在数据库、缓存或者文件系统中，通过系统配置文件 Setting.py 来配置 Session 的存储。然后就可以通过数据库，或者缓存来操作 Session，例如设置、删除、获取 Session。

1. 启用 Session

在 Django 项目中启动 Session 功能,需要修改 settings.py 文件中的 MIDDLEWARE_CLASSES 元组类型的属性值，在该元组中加入如下语句：

`'django.contrib.sessions.middleware.SessionMiddleware',`

在配置文件 settings.py 中的 INSTALLED_APPS 元素类型的属性值中加入如下语句：

`'django.contrib.sessions',`

若此前没有生成相关的数据表，则需要调用 manage.py makesmigrations 和 manage.py migrate 来创建相应的表，以便用于存储 Session 数据。默认情况下，Django 将 Session 存储在数据库中（使用模型 django.contrib.sessions.models.Session）。

这些配置是默认启用的。每个配置都有默认值，这些默认值定义在 django\conf\global_settings.py 文件中。如果不需要这些配置，可以将其关掉，以节省服务器的开销。如果需要自定义配置，可以在项目文件夹下的 settings.py 文件中进行设置。

2. 使用 Session

(1) 在视图中把数据存放到 Session 中

```
request.session[key]=value
```

(2) 在视图中从 Session 中取出数据

```
request.session.get(key,default=None)
```

(3) 删除 Session

```
del request.session[key]
```

(4) 在 Django 模板中使用 Session 数据

在模板中可以对 Session 变量像访问字典一样访问。需要查看所有 Session 值的时候使用 items 方法。例如:

```
{% for key,value in request.session.items %}
  {% ifequal 'role' key %}
    {{ value.role_name }}
  {% endifequal %}
{% endfor %}
```

8.5.4 国际化

当 Web 服务搭建好以后,开发人员需要调整软件,使之能适用于不同的语言,即国际化和本地化。国际化(Internationalization)这个单词 i 和 n 之间有 18 个字母,简称 I18N。国际化的目标是允许 Web 程序以多种语言提供内容和功能。

Django 支持国际化,多语言,它提供了非常强大的翻译机制,开发者一旦理解它的实现,就能减少编码量,提高开发效率。

1. Django 国际化简介

Django 框架支持国际化,可以在 Django 的安装目录 sitepackages/django/conf/locale/文件夹下找到相关的语言文件。

Django 国际化的本质就是开发者对需要翻译的字符串进行标记,并对字符串进行相应的翻译。当用户访问该 Web 时,Django 内部框架根据用户使用偏好进行 Web 呈现。Django 国际化使用的翻译模块是使用 Python 自带的 gettext 标准模块。

Django 国际化实际上是让开发者和模板作者指定 apps 中要翻译的字符串,即标定这些字符串;Django 根据特定访问者的设置,对标定的字符串进行相应的翻译,翻译为特定访问者使用的语言和数据格式。

开发人员和翻译人员需要完成以下 3 个步骤。

第一步:在 Python 代码和模板中嵌入待翻译的字符串。

第二步:把那些字符串翻译成需要支持的语言,并进行相应的编译。

第三步:在 Django settings 文件中激活本地中间件。

2. Django 国际化的实现

(1) 开启国际化的支持,需要在 settings.py 文件中设置如下:

```
MIDDLEWARE_CLASSES=(
  ...
  'django.middleware.locale.LocaleMiddleware',
)
```

```
LANGUAGE_CODE = 'en'
TIME_ZONE = 'UTC'
USE_I18N = True
USE_L10N = True
USE_TZ = True

LANGUAGES = (
  ('en', ('English')),
  ('zh-hans', ('中文简体')),
  ('zh-hant', ('中文繁體')),
)
#翻译文件所在目录,需要手工创建
LOCALE_PATHS = (
  os.path.join(BASE_DIR,'locale'),
)

TEMPLATE_CONTEXT_PROCESSORS = (
  ...
  "django.core.context_processors.i18n",
)
```

(2)指定翻译字符串。翻译字符串指定了哪些文本应该被翻译,这些字符串通常在 Python 代码和模板中出现。

- Python 代码国际化

Django 通常使用 ugettext()、gettext_noop()、gettext_lazy()和 ungettext()等函数实现翻译字符串的标定。Django 应用程序中,Python 代码主要集中在 models.py 和 views.py 中。

例如,在 views.py 文件中的翻译字符串的标定:

```
From django.utils.translation import ugettext as _    #标定字符串的函数
Weekdays=[_('Monday'),_('Tuesday'),_('Wednesday')]    #标定字符串
```

- Django 模板国际化

Django 在模板文件中的国际化,需要使用以下标签:

{% load i18n %}:用于加载已有的模板。i18n.py 文件中定义了指定模板中翻译字符串的模板标签。

{% trans str %}:标记翻译一个常量字符串或可变内容。在该标签中,不允许使用模板中的变量,只能使用单引号或双引号中的字符串。如果翻译时需要用到变量(占位符),可以使用{% blocktrans %}标签。

注意 Templates 文件夹要放在 project 文件夹下,否则国际化会失败。

(3)创建语言文件。在应用程序目录下,建立 local 目录,然后运行创建语言文件命令,从而产生语言文件 django.po。

Django 1.9 及以上版本使用的创建语言文件的命令:

```
Python manage.py makemessages -l zh_hans
Python manage.py makemessages -l zh_hant
```

(4)locale 文件夹中的语言文件 django.po。django.po 文件是一个纯文本文件,包含用于翻译的原始字符串和目标语言字符串。创建 django.po 文件后,需要将其中 msgid 所在行引号内的英语翻译

成中文，写在 msgstr 所在行的引号内。其文件内容如下：

```
#:models.py:23    数据模型文件中的翻译字符串
Msgid "created at"
Msgstr "创建于"
#:models.py:24
Msgid "updated at"
Msgstr "更新于"
#:views.py:12    视图文件中的翻译字符串
msgid "Monday"
msgstr "星期一"
#:views.py:12
msgid "Tuesday"
msgstr "星期二"
#:templates/test2/index.html:8    模板文件中的翻译字符串
msgid "Welcome to my site"
msgstr "欢迎访问我的网站"
#:templates/test2/index.html:30
msgid "The first sentence is from the template index.html"
msgstr "第一句话来自 intex.html 模版。"
```

刚创建 django.po 文件时，msgstr 是空字符串，需要翻译人员翻译。用户可以手动按格式修改该文件。

（5）编译信息文件，使翻译生效。创建信息文件之后，每次对其做修改，都需要使用 django-admin.py compilemessages 或 Python manage.py compilemessages 命令编译成 .mo 文件供 gettext 函数使用。.mo 文件是优化的二进制文件。

如果翻译不生效，请检查语言包的文件夹是不是有中划线，并用下划线代替。比如 zh-hans 改成 zh_hans（注意 setttings.py 中要用中划线）。

（6）完成以上步骤后，启动服务，测试网页，查看结果。

8.6　编程实践

【例 8-6】编写一个图书管理系统，实现浏览图书、图书借阅、图书归还等功能。

（1）新建一个项目 BookProject，项目应用：book。

（2）设置数据库连接，数据库采用 MySQL。

打开 settings.py 文件，修改数据库连接为如下代码：

```
DATABASES = {
    'default': {
        'ENGINE': 'django.db.backends.mysql',     # 数据库引擎
        'NAME': 'book',                            # 数据库名称.
        'USER': 'root',                            # 数据库用户名
        'PASSWORD': '123456',                      # 数据库密码
        'HOST': '127.0.0.1',                       # 数据库主机，留空默认为 localhost
        'PORT': '3306',                            # 数据库端口
    }
}
```

（3）建立数据模型

model.py 文件中的代码如下：

```
1    from __future__ import unicode_literals
2    from django.db import models
3    from django.contrib.auth.models import User
4
5    class MyUser(models.Model):
6        user = models.OneToOneField(User)
7        nickname = models.CharField(max_length=16)
8        permission = models.IntegerField(default=1)
9
10       def __unicode__(self):
11           return self.user.username
12
13   class Book(models.Model):
14       name = models.CharField(max_length=128)
15       price = models.FloatField()
16       author = models.CharField(max_length=128)
17       publish_date = models.DateField()
18       category = models.CharField(max_length=128)
19       isbn = models.CharField(max_length=13)
20       publisher = models.CharField(max_length=100)
21
22       class META:
23           ordering = ['name']
24       def __unicode__(self):
25           return self.name
26
27   class Img(models.Model):
28       name = models.CharField(max_length=128)
29       description = models.TextField()
30       img = models.ImageField(upload_to='image/%Y/%m/%d/')
31       book = models.ForeignKey(Book)
32
33
34       class META:
35           ordering = ['name']
36       def __unicode__(self):
37           return self.name
```

程序说明：

程序第 5~8 行：建立 MyUser 模型。

程序第 13~24 行：建立 Book 模型，其中 20~21 行说明 Django 模型对象返回的记录结果集是按照哪个字段排序。

程序第 25~34 行：建立 Img 模型。

（4）安装应用

打开 setting.py 文件，将建立的应用添加到 INSTALLED_APPS 变量中，代码如下：

```
INSTALLED_APPS = [
    ︙
    'book'              #添加应用]
```

（5）将模型导入数据库

执行语句：

```
python manage.py makemigrations
python manage.py migrate
```

(6) 创建视图

views.py 文件的代码如下：

```
1   from management.models import MyUser, Book, Img
2   from django.contrib.auth.models import User
3   from django.contrib import auth
4   #……略
5
6   def index(request):
7       user = request.user if request.user.is_authenticated() else None
8       content = {
9           'active_menu': 'homepage',
10          'user': user,
11      }
12      return render(request, 'management/index.html', content)
13
14
15  def signup(request):                                    #修改用户信息
16      if request.user.is_authenticated():
17          return HttpResponseRedirect(reverse('homepage'))
18      state = None
19      if request.method == 'POST':
20          password = request.POST.get('password', '')       #获取密码
21          repeat_password = request.POST.get('repeat_password', '')
22          if password == '' or repeat_password == '':       #判断密码是否为空
23              state = 'empty'
24          elif password != repeat_password:      #判断密码是否相等
25              state = 'repeat_error'
26          else:
27              username = request.POST.get('username', '')
28              if User.objects.filter(username=username):   #判断用户是否存在
29                  state = 'user_exist'
30              else:
31                  new_user = User.objects.create_user(username=username,\
32                      password=password, email=request.POST.get('email', ''))
33                  new_user.save()        #保存新用户
34                  new_my_user = MyUser(user=new_user,\
35                      nickname=request.POST.get('nickname', ''))
36                  new_my_user.save()
37                  state = 'success'
38      content = {
39          'active_menu': 'homepage',
40          'state': state,
41          'user': None,
42      }
43      return render(request, 'management/signup.html', content)
44
45
46  def login(request):                    #登录
47      if request.user.is_authenticated():
48          return HttpResponseRedirect(reverse('homepage'))
49      state = None
```

```python
50      if request.method == 'POST':
51          username = request.POST.get('username', '')
52          password = request.POST.get('password', '')
53          user = auth.authenticate(username=username, password=password)
54          if user is not None:
55              auth.login(request, user)
56              return HttpResponseRedirect(reverse('homepage'))
57          else:
58              state = 'not_exist_or_password_error'
59      content = {
60          'active_menu': 'homepage',
61          'state': state,
62          'user': None
63      }
64      return render(request, 'management/login.html', content)
65
66
67  def logout(request):              #注销
68      auth.logout(request)
69      return HttpResponseRedirect(reverse('homepage'))
70
71  @login_required
72  def set_password(request):        #修改密码
73      user = request.user
74      state = None
75      if request.method == 'POST':
76          old_password = request.POST.get('old_password', '')
77          new_password = request.POST.get('new_password', '')
78          repeat_password = request.POST.get('repeat_password', '')
79          if user.check_password(old_password):
80              if not new_password:
81                  state = 'empty'
82              elif new_password != repeat_password:
83                  state = 'repeat_error'
84              else:
85                  user.set_password(new_password)
86                  user.save()
87                  state = 'success'
88          else:
89              state = 'password_error'
90      content = {
91          'user': user,
92          'active_menu': 'homepage',
93          'state': state,
94      }
95      return render(request, 'management/set_password.html', content)
96
97  @user_passes_test(permission_check)
98  def add_book(request):            #增加图书
99      user = request.user
100     state = None
101     if request.method == 'POST':
102         new_book = Book(
103             name=request.POST.get('name', ''),
104             author=request.POST.get('author', ''),
```

```
105                 category=request.POST.get('category', ''),
106                 price=request.POST.get('price', 0),
107                 publish_date=request.POST.get('publish_date', '')
108                 isbn    = =request.POST.get('isbn', '')
109                 publisher ==request.POST.get(' publisher ', '')
110             )
111         new_book.save()
112         state = 'success'
113     content = {
114         'user': user,
115         'active_menu': 'add_book',
116         'state': state,
117     }
118     return render(request, 'management/add_book.html', content)
119
120 def view_book_list(request):            #浏览图书
121     user = request.user if request.user.is_authenticated() else None
122     category_list = Book.objects.values_list('category', flat=True).distinct()
123     query_category = request.GET.get('category', 'all')
124     if (not query_category) or Book.objects.filter(category=query_category).count() is 0:
125         query_category = 'all'
126         book_list = Book.objects.all()
127     else:
128         book_list = Book.objects.filter(category=query_category)
129
130     if request.method == 'POST':
131         keyword = request.POST.get('keyword', '')
132         book_list = Book.objects.filter(name__contains=keyword)
133         query_category = 'all'
134
135     paginator = Paginator(book_list, 5)
136     page = request.GET.get('page')
137     try:
138         book_list = paginator.page(page)
139     except PageNotAnInteger:
140         book_list = paginator.page(1)
141     except EmptyPage:
142         book_list = paginator.page(paginator.num_pages)
143     content = {
144         'user': user,
145         'active_menu': 'view_book',
146         'category_list': category_list,
147         'query_category': query_category,
148         'book_list': book_list,
149     }
150     return render(request, 'management/view_book_list.html', content)
```

程序说明：该程序省略了部分程序，详细信息请参见本书配套源代码。

（7）修改项目文件夹里的 **urls.py** 文件，代码如下：

```
1  from django.conf.urls import url
2  from management import views
3
4  urlpatterns = [
5      url(r'^$', views.index, name='homepage'),
6      url(r'^signup/$', views.signup, name='signup'),
```

```
7       url(r'^login/$', views.login, name='login'),
8       url(r'^logout/$', views.logout, name='logout'),
9       url(r'^set_password/$', views.set_password, name='set_password'),
10      url(r'^add_book/$', views.add_book, name='add_book'),
11      url(r'^add_img/$', views.add_img, name='add_img'),
12      url(r'^view_book_list/$', views.view_book_list, name='view_book_list'),
13      .
14      .
15      .
16      ]
```

（8）创建模板

在项目目录下创建 templates 目录并建立相应的模板文件，例如登录系统的模板文件 login.html 的代码如下：

```
1    {% extends "management/base.html" %}   #继承 base.html 文件
2    {% load staticfiles %}
3    #用当前文本替换 base.html 文件相应标签处的文本
4    {% block title %}登录{% endblock %}
5    {% block content %}
6      <form method="POST" role="form" class="form-horizontal">
7        <h1 class="form-signin-heading text-center">请登录</h1>
8        <div class="form-group">
9          <label for="id_user_name" class="col-md-3 control-label">用户名：</label>
10         <div class="col-md-9">
11           <input type="text" class="form-control" id="id_user_name" required
                name="username"  autofocus>
12         /div>
13       </div>
14       <div class="form-group">
15         <label for="id_password" class="col-md-3 control-label">密码：</label>
16         <div class="col-md-9">
17           <input type="password" class="form-control" required name="password"
                id="id_password">
18         </div>
19       </div>
20       <div class="form-group">
21         <div class="col-md-4 col-md-offset-4">
22           <button class="btn btn btn-primary btn-block" type="submit">登录</button>
23         </div>
24       </div>
25     </form>
26   <{% endblock %}
```

程序说明：该程序中使用了 Bootstrap 前端框架。它简洁灵活，使得 Web 开发更加快捷。关于 Bootstrap 的相关信息请查阅相关资料。

程序运行的界面如图 8-17 所示。

图 8-17　程序运行界面

8.7 习题

1. 选择题

（1）利用 Django 框架创建一个名称为 helloworld 的项目，需要使用（　　）命令。

　　A. djang-admin.py　help startproject　helloworld

　　B. djang-admin.py　startproject　helloworld

　　C. djang-admin.py　startapp　helloworld

　　D. manage.py　startapp　helloworld

（2）利用 Django 框架创建一个名称为 hello 的应用，需要使用（　　）命令。

　　A. djang-admin.py　help startproject　hello　　B. djang-admin.py　startproject　hello

　　C. djang-admin.py　startapp　hello　　　　　　D. manage.py　startproject　hello

（3）在 Django 框架中，如果连接的数据库是 MySQL，则启动 MySQL 的命令是（　　）。

　　A. djang-admin.py　shell　　　　　　　　　B. djang-admin.py　startproject

　　C. djang-admin.py　startapp　　　　　　　　D. manage.py　dbshell

2. 填空题

（1）启动 Django 内置服务器，需要使用的命令是_____。

（2）在 Django 应用中修改 settings.py 文件中的 DATABASES 配置项为 MySQL 数据库，如果使用的数据库为 test，使用的用户名为 root，密码为 123，主机为 localhost，端口默认，则 DATABASES 配置项的值为_____。

（3）如果一个应用程序的模板目录为根目录下的 templates 文件夹中的 user，则 settings.py 文件中的 TEMPLATES_DIRS 配置项的值为_____。

（4）Django 框架的 MVT 模式中，M 是_____，V 是_____，T 是_____。

3. 编程题

（1）利用 Django 开发一个简易博客系统。

（2）利用 Django 开发一个简单的在线考试系统。

（3）利用 Django 开发一个简单的学生选课系统。

09 第9章 Python数字图像处理

本章重点

- 数字图像的概念
- PIL 库的安装
- 使用 Python 图像处理类库 PIL
- OpenCV 库的安装
- 使用传统的图像处理类库 OpenCV
- Matplotlib 绘制图形

本章难点

- PIL 库、OPenCV 库的安装与使用
- Matplotlib 绘图的使用

相对于早期图像处理领域多数程序都是由 C/C++编写的情况不同,随着计算机硬件速度越来越快,研究者在考虑实现算法语言的时候会更多地考虑编写代码的效率和易用性。近年来越来越多的研究者选择使用 Python 语言来实现图像处理。本章将简要介绍如何使用 Python 进行数字图像处理。

9.1 基本图像操作和处理

随着电子技术和计算机技术的发展,数字图像处理及其应用出现了许多新理论、新方法、新算法和新设备,并使得图像处理技术在科学研究、工业生产、医疗、教育、管理、娱乐等很多方面得到了广泛应用。本节将简单介绍图像的基本操作和处理方法。

9.1.1 图像和像素

图像(Image)是用各种观测系统(如照相机、遥感设备等)以不同形式和手段观测客观世界而获得的,可以直接作用于人眼,进而直接或间接地产生视觉的实体。据统计,人类从外界获得的信息约有 75%是来自视觉系统,而视觉信息来源于图像,例如照片、绘图、草图、动画等。

图像可以分解为许多个单元。每个基本单元叫作图像元素,简称像素(Picture Element)。对 2D 图像,英文常用 pixel(或 pel)代表像素。一幅图像在空间上的

分辨率与其包含的像素个数成正比。像素个数越多，像素的分辨率就越高，越能看清图像的细节。

在 Python 中，图像所用的坐标系与在屏幕显示中采用的坐标系相同，如图 9-1 所示，它的原点 O（Origin）在图像的左上角，纵轴标记图像的行，横轴标记图像的列。坐标经常用二元组（x,y）表示。长方形则表示为四元组，前面是左上角坐标。例如，一个覆盖 800×600 的像素图像的长方形区域表示为（0,0,800,600）。

数字图像是有许多个像素紧密排列而成，要表示图像就需要表示其各个像素。最常用的图像表示方法是将一幅图像用一个 2D 函数 $f(x,y)$ 来表示，其中 x, y 表示像素的位置，而 f 则表示像素的数值。在这种表示方法中，图像像素与函数元素是一一对应的。

图 9-1 数字图像示例

9.1.2 颜色空间

颜色空间也称彩色模型（又称彩色空间或彩色系统），它通常用来对图像色彩加以说明。日常生活中人们主要使用的颜色模型有 4 种，分别是 RGB、CMYK、HSL、YUV/YIQ 模型，其中 CMYK 为相减颜色模型，其余的为相加颜色模型。

1. RGB 颜色模型

计算机显示器使用的阴极射线管（Cathode Ray Tube，CRT）是一个有源物体，CRT 使用 3 个电子枪分别产生红色（Red）、绿色（Green）、蓝色（Blue）3 种波长的光，并以各种不同的相对强度综合起来产生颜色。组合这 3 种光波以产生特定颜色称为相加混色，因此这种模式又称 RGB 相加模式。

从理论上讲，任何一种颜色都可以用这 3 种基本颜色按不同的比例混合得到。3 种基本颜色的光强越强，到达人眼的光就越多；它们的比例不同，人们看到的颜色也就不同；没有光到达人眼，就是一片漆黑。例如，当 3 种基本颜色等量相加时，得到白色或灰色；等量的红绿相加而蓝为 0 值时得到黄色；等量的红蓝相加而绿为 0 值时得到品红色；等量的绿蓝相加而红为 0 值时得到青色。这 3 种基本颜色相加的结果如图 9-2 所示。

2. CMYK 颜色模型

CMY 模型是使用青色（Cyan）、品红（Magenta）、黄色（Yellow）3 种基本颜色按一定比例合成色彩的方法。CMY 模型与 RGB 模型不同，因为色彩不是直接由来自于光线的颜色产生的，而是由照射在颜料上反射回来的光线所产生的。颜料会吸收一部分光线，而未吸收的光线会反射出来，成为视觉判定颜色的依据。利用这种方法产生的颜色称为相减混色。

在相减混色中，当 3 种基本颜色等量相减时得到黑色或灰色；等量黄色和品红相减而青色为 0 值时得到红色；等量青色和品红相减而黄色为 0 值时得到蓝色；等量黄色和青色相减而品红为 0 值时得到绿色。3 种基本颜色相减的结果如图 9-3 所示。

虽然理论上利用 CMY 的 3 种基本颜色混合可以制作出所需要的各种色彩，但实际上同量的 CMY 混合后并不能产生完备的黑色或灰色。因此，在印刷时常加一种真正的黑色（Black），这样，CMY 模型又称为 CMYK 模型。

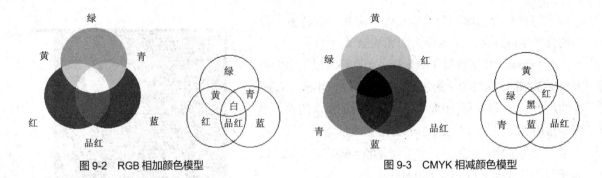

图 9-2　RGB 相加颜色模型　　　　　　　图 9-3　CMYK 相减颜色模型

3. HSL 颜色模型

RGB 模型和 CMYK 模型都是适应产生颜色硬件的限制和要求形成的，而 HSL 模式则是模拟了人眼感知颜色的方式，比较容易为从事艺术绘画的画家们所理解。HSL 模式使用色调（Hue）、饱和度（Saturation）和亮度（Lightness）3 个参数来生成颜色。利用 HSL 模式描述颜色比较自然，但实际使用却不方便，例如显示时要转换成 RGB 模式，打印时要转换为 CMYK 模式等。

4. YUV/YIQ 颜色模型

在彩色电视系统中，使用 YUV 模型或 YIQ 模型来表示彩色图像。在 PAL 制式中使用 YUV 模式，其中 Y 表示亮度，U、V 表示色度，是构成彩色的两个分量。在 NTSC 制式中使用 YIQ 模式，其中 Y 表示亮度，I、Q 是两个彩色分量。

YUV 模型的优点是亮度信号和色度信号是相互独立的，即 Y 分量构成的亮度图与 U 或 V 分量构成的带着彩色信息的两幅单色图是相互独立的，所以可以对这些单色图分别进行编码。如果只用亮度信号而不采用色度信号，则表示的图像就是没有颜色的灰度图像。

9.1.3　像素的位深

位深又称像素深度或颜色深度，它用来度量在图像中有多少颜色信息来显示或打印像素。较大的位深（每像素信息的位数更多）意味着数字图像具有更多的可用颜色和更精确的颜色表示。

彩色图像中，在 R、G、B 三个颜色通道中，如果每一种颜色通道均占用了 8 位，即有 256 种颜色，三个通道就包含了 256 的 3 次方的颜色，即 1677 万种颜色。一般的彩色图像需要 24 位颜色来表现，称为"真彩色"。实际应用中，也可以使用更低的色位，如 256 色（三色共占 8 位）或 16 位色。

灰度颜色模型采用 8 位来表示一个像素，即将纯黑和纯白之间的层次等分为 256 级，就形成了 256 级灰度模式，它可以用来模拟黑白照片的图像效果。

黑白颜色模型只采用 1 位来表示一个像素，只能显示黑色和白色。黑白模式无法表示层次复杂的图像，但可以制作黑白线条图。

9.2　Python 图像处理类库 PIL

PIL（Python Imaging Library）是 Python 中最常用的图像处理库，它提供了通用的图像处理功能，以及大量有用的基本图像操作，比如图像缩放、裁剪、旋转、颜色转换等。

9.2.1 PIL 模块基本介绍

PIL 拥有众多模块，表 9-1 列出了 PIL 的各个模块及其功能。

表 9-1 PIL 模块及功能

模块名称	功能
Image	提供了一个相同名称的类，即 Image 类，用于表示 PIL 图像。这个模块提供了常用的图像处理函数，包括从文件中加载图像和创建新的图像等
ImageChops	ImageChops 模块包含一些算术图形操作，叫作 channel operations（"chops"）。这些操作可用于图像特效、图像组合、算法绘图等
ImageCrackCode	ImageCrackCode 模块允许用户检测和测量图像的各种特性
ImageDraw	ImageDraw 模块为 Image 对象提供了基本的图形处理功能。例如创建新图像、注释或润饰已存在的图像，为 Web 应用实时产生各种图形
ImageEnhance	ImageEnhance 模块包括一些用于图像增强的类。它们分别为 Color 类、Brightness 类、Contrast 类和 Sharpness 类
ImageFile	ImageFile 模块提供图像打开、保存等功能。另外，它还提供了一个 Parser 类，可以一块块地对一张图像进行解码（例如，网络中接收一张图像）
ImageFileIO	ImageFileIO 模块用于从一个 Socket 或者其他流设备中读取一张图像
ImageFilter	ImageFilter 模块包括各种滤波器的预定义集合，与 Image 类的 filter 方法一起使用
ImageFont	ImageFont 模块定义了一个同名的类，即 ImageFont 类。这个类的实例中存储着 bitmap 字体，需要与 ImageDraw 类的 text 方法一起使用
ImageGrab	ImageGrab 模块用于将屏幕上的内容复制到一个 PIL 图像内存中
ImageOps	ImageOps 模块包括一些 "ready-made" 图像处理操作。它可以完成直方图均衡、裁剪、量化、镜像等操作
ImagePath	ImagePath 模块用于存储和操作二维向量数据。Path 对象将被传递到 ImageDraw 模块的方法中
ImageSequence	ImageSequence 模块包括一个 Wrapper 类，它为图像序列中每一帧提供了迭代器
ImageStat	ImageStat 模块计算一张图像或者一张图像的一个区域的全局统计值
PSDraw	PSDraw 模块为 Postscript 打印机提供基本的打印支持。用户可以通过这个模块打印字体、图形和图像

9.2.2 Image 模块

Image 模块是 PIL 中最重要的模块，它包含一个 Image 类，与模块名称相同。表 9-2、表 9-3 列出了 Image 类的主要属性、函数及方法。

表 9-2 Image 类的属性

属性	功能
format	返回源文件的文件格式。如果是由 PIL 创建的图像，则其文件格式为 None
mode	返回图像的模式。该属性典型的取值为 "1"、"L"、"RGB" 或 "CMYK"
size	返回图像的尺寸，按照像素数计算。它的返回值为宽度和高度的二元组（width, height）
palette	返回颜色调色板。如果图像的模式是 "P"，则返回 ImagePalette 类的实例；否则，将为 None
info	返回存储图像相关数据的字典，该字典传递从文件中读取的各种非图像信息

表 9-3 Image 类的函数

函数及方法	功能
new(mode,size,color=0)	创建一个新对象，mode 为单通道时，color 为一个整数或浮点数
open(fp)	打开并确认给定的图像文件。fp 可以是文件名，也可以是 file object，但是必须是以 'r' 模式打开的。最后返回一个 Image 对象

续表

函数及方法	功　　能
save()	保存图像
blend(im1,im2,alpha)	返回一个融合后的 Image，out=im1*(1-alpha)+im2*alpha
composite(im1,im2,mask)	使用给定的两张图像及 mask 图像作为透明度，插值出一张新的图像。新图像由透明遮罩 mask 和原始 im1、im2 决定，mask 模式为"1"、"L"或"RGBA"
eval(im,func)	func 为接受一个整数参数的函数，将 im 的每个像素值分别传给 func 处理并返回最后的 Image 对象
merge(mode,bands)	融合多个通道图像
convert(mode)	转换模式，如"L"和"RGB"
copy()	图像复制
crop(box)	复制一部分图像，box 为一个元组，定义矩形的左上角和右下角
getpixel((x,y))	返回(x,y)处的像素值
histogram()	返回直方图统计数据
resize(size,resample=0)	调整图像大小
rotate(degrees,resample=0,expand=0)	逆时针旋转某一度数，resample 有三个选项，默认第一个；expand 默认为 0
save(fp,format=None)	保存图像
show(title=None)	调试时常用来显示图像
split()	分离通道，返回分离后的通道元组
transpose(method)	旋转图像，method 有：Image.FLIP_LEFT_RIGHT 左右颠倒；Image.FLIP_TOP_BOTTOM 上下颠倒；Image.ROTATE_90 逆时针旋转 90°；Image.ROTATE_180 逆时针旋转 180°；Image.ROTATE_270 逆时针旋转 270°；Image.TRANSPOSE 上下左右颠倒

1. 打开图像

【例 9-1】利用 PIL 打开一个图像，代码如下：

```
from PIL import Image                    #导入模块
img = Image.open("g:/gaotie.jpg")        #打开图像
img.show(img )                           #显示图像
```

2. 调整图像大小

【例 9-2】改变图像的大小并保存，代码如下：

```
from PIL import Image                              #导入模块
img = Image.open("img.jpg")                        #打开图像
new_img = img.resize((128,128),Image.BILINEAR)     #改变图像大小
new_img.save("new_img.jpg")                        #将改变图像大小后的图像保存
```

3. 创建新图像

【例 9-3】创建一个 128×128 的红色图像，并显示，代码如下：

```
from PIL import Image
im= Image.new('RGB', (128, 128), '#FF0000')
im.show()
```

程序运行结果如图 9-4 所示。

4. 图像模式转换

【例 9-4】将一张彩色图转为灰度图并保存，程序代码如下：

```
# -*- coding: utf-8 -*-
from PIL import Image
```

图 9-4　128×128 的红色图像

```
#打开图像得到一个PIL图像对象
img = Image.open('H:/lena.jpg')
#将其转为一张灰度图
img_gray = img.convert('L')
#存储该张图片
try:
    img_gray.save('H:/lena_gray.png')
except IOError:
    print ('cannot convert')
```

PIL 中有 9 种不同模式。分别为 1、L、P、RGB、RGBA、CMYK、YCbCr、I、F。

- 模式 "1" 为二值图像，非黑即白。它的每个像素用 8 个 bit 表示，0 表示黑，255 表示白。
- 模式 "L" 为灰色图像，它的每个像素用 8 个 bit 表示，0 表示黑，255 表示白，其他数字表示不同的灰度。
- 模式 "P" 为 8 位彩色图像，它的每个像素用 8 个 bit 表示，其对应的彩色值是按照调色板查询出来的。
- 模式 "RGBA" 为 32 位彩色图像，它的每个像素用 32 个 bit 表示，其中 24bit 表示红色、绿色和蓝色三个通道，另外 8bit 表示 alpha 通道，即透明通道。
- 模式 "CMYK" 为 32 位彩色图像，它的每个像素用 32 个 bit 表示。
- 模式 "YCbCr" 为 24 位彩色图像，它的每个像素用 24 个 bit 表示。其中 Y 指亮度分量，Cb 指蓝色色度分量，而 Cr 指红色色度分量。
- 模式 "I" 为 32 位整型灰色图像，它的每个像素用 32 个 bit 表示，0 表示黑，255 表示白，0~255 之间的数字表示不同的灰度。模式 "I" 与模式 "L" 的结果完全一样，只是模式 "L" 的像素是 8bit，而模式 "I" 的像素是 32bit。
- 模式 "F" 为 32 位浮点灰色图像，它的每个像素用 32bit 表示，0 表示黑，255 表示白，0~255 之间的数字表示不同的灰度。

程序的运行结果如图 9-5 所示。

图 9-5 程序运行结果

5. 生成缩略图

【例 9-5】将 256×256 的图像 lena.jpg 缩小为 64×64，代码如下：

```
# -*- coding: utf-8 -*-
from PIL import Image
#打开图像得到一个PIL图像对象
img = Image.open('H:/lena.jpg')
```

```
#创建最长边为 64 的缩略图
img.thumbnail((64,64))
#存储该张图片
try:
    img.save('H:/lena_small.jpg')
except IOError:
    print ('cannot thumbnail.')
```

程序运行结果如图 9-6 所示。

6. 旋转图像

【例 9-6】读取图像 lena.jpg，将其调整为 256×256，然后逆时针旋转 45°，代码如下：

```
# -*- coding: utf-8 -*-
from PIL import Image
#打开图像得到一个 PIL 图像对象
img = Image.open('H:/lena.jpg')
#修改图片大小，参数为一元组
img = img.resize((256,256))
#使图片逆时针旋转 45°
img = img.rotate(45)
#存储该张图片
try:
    img.save('H:/lena_rotate.jpg')
except IOError:
    print('cannot resize or rotate.')
```

程序运行结果如图 9-7 所示。

图 9-6　原图与缩略图　　　　　　　　　图 9-7　调整尺寸与旋转

9.2.3　PIL 滤镜效果

PIL 的 ImageFilter 模块提供了滤波器的相关定义，主要用于 filter()方法。当前的 ImageFilter 模块支持以下 10 种滤波器。

BLUR：ImageFilter.BLUR 为模糊滤波，处理之后的图像会整体变得模糊。

CONTOUR：ImageFilter.CONTOUR 为轮廓滤波，将图像中的轮廓信息全部提取出来。

DETAIL：ImageFilter.DETAIL 为细节增强滤波，会使得图像中的细节更加明显。

EDGE_ENHANCE：ImageFilter.EDGE_ENHANCE 为边缘增强滤波，突出、加强和改善图像中

不同灰度区域之间的边界和轮廓的图像增强方法。经处理使得边界和边缘在图像上表现为图像灰度的突变，用以提高人眼识别能力。

EDGE_ENHANCE_MORE：ImageFilter.EDGE_ENHANCE_MORE 为深度边缘增强滤波，会使图像中的边缘部分更加明显。

EMBOSS：ImageFilter.EMBOSS 为浮雕滤波，会使图像呈现出浮雕效果。

FIND_EDGES：ImageFilter.FIND_EDGES 为寻找边缘信息的滤波，会找出图像中的边缘信息。

SMOOTH：ImageFilter.SMOOTH 为平滑滤波，突出图像的宽大区域、低频成分、主干部分或抑制图像噪声和干扰高频成分，使图像亮度平缓渐变，减小突变梯度，改善图像质量。

SMOOTH_MORE：ImageFilter.SMOOTH_MORE 为深度平滑滤波，会使得图像变得更加平滑。

SHARPEN：ImageFilter.SHARPEN 为锐化滤波，补偿图像的轮廓，增强图像的边缘及灰度跳变的部分，使图像变得清晰。

【例 9-7】读取一张图像，并将其改变为模糊效果的图像，代码如下：

```
# -*- coding: utf-8 -*-
from PIL import Image, ImageFilter
img = Image.open('H:/lena.jpg')
# 使用过滤器使图像模糊
img = img.filter(ImageFilter.BLUR)
#存储该张图片
try:
    img.save('H:/lena_Blur.jpg')
except IOError:
    print ("cannot filter.")
```

程序运行结果如图 9-8 所示。

图 9-8　PIL 模糊图像

【例 9-8】使用 PIL 的 Image、ImageDraw、ImageFout 模块生成一张四位字母验证码图片。

（1）首先要创建一张图片，使用 Image.new()函数。

`Image.new('RGB', (width, height), (255, 255, 255))`

（2）随机生成背景颜色，随机生成字母，随机生成字母颜色。

```
# 随机字母:
def rndChar():
    return chr(random.randint(65, 90))
# 随机背景颜色:
def rndColor():
    return random.randint(64, 255), random.randint(64, 255), random.randint(64, 255)
# 随机字母颜色:
def rndColor2():
    return random.randint(32, 127), random.randint(32, 127), random.randint(32, 127)
```

（3）将图片每个像素点填充为随机颜色，首先根据 Image 对象创建 ImageDraw 对象，使用 Draw 的 point 方法给每个像素点赋值。

```
draw = ImageDraw.Draw(image)
for x in range(width):
    for y in range(height):
        draw.point((x, y), fill=rndColor())
```

（4）随机生成四个字母，使用 draw.text()画在图像上，字母为随机函数 rndChar()随机生成，颜色由 rndColor2()随机生成,并设置字体、字号、位置。

```
for t in range(4):
    draw.text((60 * t + 10, 10), rndChar(), font=ImageFont.truetype('Arial.ttf', 36),
fill=rndColor2())
```

(5)将图像模糊。

```
image.filter(ImageFilter.BLUR)
```

完整代码如下:

```
1   width = 60 * 4
2   height = 60
3   image = Image.new('RGB', (width, height), (255, 255, 255))
4   # 创建 font 对象:
5   font = ImageFont.truetype('Arial.ttf', 36)
6   # 创建 draw 对象:
7   draw = ImageDraw.Draw(image)
8   # 填充每个像素:
9   for x in range(width):
10      for y in range(height):
11          draw.point((x, y), fill=rndColor())
12  # 输出文字:
13  for t in range(4):
14      draw.text((60 * t + 10, 10), rndChar(), font=font, fill=rndColor2())
15  # 模糊:
16  image = image.filter(ImageFilter.BLUR)
17  image.save('H:/code.jpg', 'jpeg')
18
```

生成的验证码图像如图 9-9 所示。

图 9-9　验证码图片

9.3　Python 中使用 OpenCV

虽然 Python 很强大,而且也有自己的图像处理库 PIL,但是相对于 OpenCV 来讲,它还是弱小很多。与很多开源软件一样,OpenCV 也提供了完善的 Python 接口,非常便于调用。OpenCV 是 Intel 公司发起并参与开发的开源、跨平台计算机视觉库(Computer Version)。OpenCV 中拥有 300 多个 API,同时 OpenCV 提供了详细的参考文档供开发者使用,重要的一点是它对商用和非商用应用都是免费且开源的。本节将介绍 Windows 环境下 OpenCV for Python 的使用。

9.3.1　OpenCV 安装

OpenCV 绑定 Python 时依赖于 NumPy 库,NumPy 提供了数值计算函数,包括高效的矩阵计算函数,图像在 OpenCV 中是矩阵的形式,也就是 NumPy 中的数组。因此需要首先安装 NumPy,否则即使找到了 CV 模块也不能运行。

1. 安装 NumPy

在官网找到下载界面,选择所需的版本。在控制台中,转到对应目录盘,执行以下操作进行安装:

```
D:\>pip install "numpy-1.13.0-cp34-none-win32.whl"
```

2. 安装 OpenCV

在官网找到下载界面,选择所需的版本。在控制台中,转到对应目录盘,执行以下操作进行安装:

```
D:\>pip install "opencv_python-3.2.0.7-cp34-none-win32.whl"
```

【例 9-9】利用 OpenCV 打开一张图像并显示,代码如下:

```
# -*- coding: utf-8 -*-
import cv2                              #导入OpenCV模块
lena = cv2.imread('H:/lena.jpg')        #读取图像
cv2.imshow('Lena Image',lena)           #显示图像
cv2.waitKey(0)                          #等待键盘输入,否则图像将一闪而过
```

程序运行结果如图 9-10 所示。

OpenCV 目前支持读取 bmp、jpg、png、tiff 等常用格式,更详细的请参考 OpenCV 的参考文档。

图 9-10 使用 OpenCV 显示图像

9.3.2 OpenCV 基本操作

OpenCV 提供了读取图像和写入图像、矩阵操作以及数学库函数,具体的操作如下。

1. 读取并显示图像

读取图像使用 imread()函数,该函数共两个参数,第一个参数为要读入的图片文件名,第二个参数为如何读取图片,包括 cv2.IMREAD_COLOR:读入一幅彩色图片;cv2.IMREAD_GRAYSCALE:以灰度模式读入图片;cv2.IMREAD_UNCHANGED:读入一幅图片,并包括其 alpha 通道。例如:

显示图像使用 imshow()函数,该函数共两个参数,第一个参数表示窗口名字,可以创建多个窗口,但是每个窗口不能重名;第二个参数是读入的图片。

2. 创建、复制图像

新的 OpenCV 的接口中没有 CreateImage 接口,即没有 cv2.CreateImage 这样的函数。如果要创建图像,需要使用 NumPy 的函数。例如:

```
emptyImage = np.zeros(img.shape, np.uint8)
```

复制图像可以使用 OpenCV 的 copy()函数,例如:

```
emptyImage2 = img.copy()
```

3. 保存图像

保存图像可以使用 OpenCV 的 imwrite()函数。例如:

```
cv2.imwrite('D:\img1.jpg', img)
```

【例 9-10】利用 OpenCV 打开一张图像并显示,代码如下:

```
1    # -*- coding: utf-8 -*-
2    import cv2
```

```
3       img=cv2.imread('1.jpg',cv2.IMREAD_COLOR)      #读入彩色图片
4       cv2.imshow('image',img)                       #建立 image 窗口显示图片
5       k=cv2.waitKey(0)                              #等待输入
6       if k==27:                                     #如果输入 ESC 退出
7           cv2.destroyAllWindows()
8       elif k==ord('s'):                             #如果输入 s，保存
9           cv2.imwrite('1-1.png',img)
10          print('OK!')
11      cv2.destroyAllWindows()                       #删除指定的窗口
```

4. 操作像素

一张图像是一个由数值组成的矩阵，矩阵中的每一个元素代表一个像素。对于灰度图像来说，像素由 8 位无符号数表示，其中 0 代表黑色，255 代表白色。对于彩色图像而言，每个像素需要三个这样的无符号数来表示颜色的三个通道（红、绿、蓝）。在这种情况下，矩阵的元素是一个三元组。

OpenCV 提供了对像素的操作，如果图像是单通道的（灰度图像），返回值是单个数值；如果图像是多通道的，返回值则是一个元组。例如：

```
>>>import cv2
>>>img = cv2.imread("H:/lena.jpg")
>>>img[0,0]
array([116, 134, 227], dtype=uint8)
```

程序说明：程序第 3 行 img[0,0]返回值就是图像的第一行第一列的元素，可以看到返回的是一个 array 类型，三个数值 116，134，227 分别是图像 "b" "g" "r" 对应的值，分别代表三原色蓝、绿、红。每个数值是 uint8 类型，用十进制表示就是 0～255 之间的一个数。

如果是单通道的灰度图像，我们用 cv2.imread()函数的强制读取灰度图像：

```
>>> img = cv2.imread('H:/lena.jpg',0)
>>> img[0,0]
160
```

程序第 1 行将 cv2.imread()中第二个参数设置为 0，表示图像强制为灰度图像读入，如果设置为 1 则强制为彩色图像读入。从输出结果可以看到，灰度图像第一行第一列元素的值为 160。

【例 9-11】编写一个简单的函数演示，在图像中加入椒盐噪点。椒盐噪点是一种特殊的噪点，它随机地将部分像素设置为白色或者黑色。代码如下：

```
1       # -*- coding: utf-8 -*-
2       import cv2
3       import numpy as np
4       import random
5       def salt(imgArr, n):
6           sp = imgArr.shape
7           x = sp[0]
8           y = sp[1]
9           dim = imgArr.ndim
10          for k in range(n):
11              i = random.randint(0, x-1)
12              j = random.randint(0, y-1)
13              if dim == 2:
14                  imgArr[i, j] = 255
15              elif:
16                  imgArr[i, j] = (255, 255, 255)
17          return imgArr
```

程序说明：

程序第2～4行：引入需要用到的包。

程序第5行：定义了一个名为salt的函数，用来加入椒盐噪点。函数的第一个参数是NumPy的narray类型，其实就是cv2.imread()读取到的图像对象；第二个参数是一个数值，表示加入椒盐噪点个数。

程序第6～8行：读取图像的大小。

程序第10～16行：循环产生随机数，并在相应的位置上加入噪声。每次循环将一个随机选择的像素的值设置为255。随机选取像素行号是由random模块的randint函数得到的。对于灰度图像，我们可以直接将像素值设置为255；对于彩色图像，需要把像素值设置为一个由3个255组成的元组，这样才能得到一个白色。

打开一个图像，调用salt()函数，然后将处理后的图像显示出来，代码如下：

```
1    img = cv2.imread('H:/lena.jpg', 0)
2    arr = np.array(img)
3    img = salt(arr, 3000)
4    cv2.imshow('Salt Image', arr)
5    cv2.waitKey(0)
6    cv2.destroyAllWindows()
```

程序的运行结果如图9-11所示。

图9-11　图像加入椒盐噪点

5. OpenCV 分离、合并通道

彩色图像是由三原色组成的，为了更好地了解图像的组成，可以使用 OpenCV 将三原色分离开来，代码如下：

```
1    # -*- coding: utf-8 -*-
2    import cv2
3    import numpy as np
4    img = cv2.imread('H:/lena.jpg')
5    b, g, r = cv2.split(img)
6    cv2.imshow('Blue', b)
7    cv2.imshow('Red', r)
8    cv2.imshow('Green', g)
9    cv2.waitKey(0)
10   cv2.destroyAllWindows()
```

程序说明：

程序第5行：为OpenCV自带的split()函数，其功能是将array中的每一个元组分离。

程序的运行结果如图9-12所示。

图9-12　通道分离

同样，通道合并以使用 OpenCV 自带的 merge 函数，如下：
Merged = cv2.merge([b,g,r])

或者 NumPy 的方法：
mergedByNp = np.dstack([b, g, r])

完整代码如下：

```
1    merged = cv2.merge([b, g, r])   # 前面分离出来的三个通道
2    mergedByNp = np.dstack([b, g, r])
3    print mergedByNp.strides, merged.strides
4    cv2.imshow('Merged', merged)
5    cv2.waitKey(0)
6    cv2.destroyAllWindows()
```

运行结果如图 9-13 所示。

可以将分离出来的单通道图像与空的图像合并，首先创建一个像素全为 0 的图像对象，其实就是 NumPy 的 narray 类型对象，图像大小与源图像大小相同，并将每个像素值都设置为 0，可以直接使用 NumPy 的 zeros 函数：

k = np.zeros((img.shape[0], img.shape[1]), dtype=img.dtype)

然后与原图像合并，这里合并的顺序为蓝→绿→红：

r = cv2.merge([k, k, r])
g = cv2.merge([k, g, k])
b = cv2.merge([b, k, k])

图 9-13　通道合并

运行效果如图 9-14 所示。

图 9-14　通道合并

6. OpenCV 计算并显示直方图

一个图像是由不同颜色值的像素组成的。像素值在图像中的分布情况是这幅图像的一个重要特征。直方图可以用来修改图像的外观，也可以用于描述图像的内容，并检测图像中特定的对象或纹理。

（1）什么是直方图

图像是由像素组成的，在单通道的灰度图像中，每个像素的值介于 0（黑色）~255（白色）之间。直方图是一个简单的表，它给出了一幅图像或一组图像中拥有给定数值的像素数量。因此，灰度图像的直方图有 254 个条目（或称为容器）。0 号条目给出值为 0 的像素个数，1 号条目给出值为 1 的像素个数，2 号条目给出值为 2 的像素个数……。如果你对直方图的所有项求和，就会得到像素的总数。直方图也可以被归一化，归一化后的所有项之和等于 1。这种情况下，每一项给出的都是拥有特

定数值的像素在图像中占的比例。

（2）可视化直方图

在 Python 中调用的 OpenCV 直方图计算函数为 cv2.calcHist()即可得到图像的直方图。
cv2.calcHist(images, channels, mask, histSize, ranges[, hist[, accumulate]])

该函数的返回值为 hist（直方图），可以用 print hist 查看直方图得的数值，实际应用中经常将直方图绘制出来以便观察。

【例 9-12】计算并显示图像一个通道的直方图。代码如下：

```
1    def getHistogramImage1D(image, color=0):
2        hist = cv2.calcHist([image],
3                            [0],              # 使用的通道
4                            None,             # 没有使用 mask
5                            [256],            # HistSize
6                            [0.0, 255.0])     # 直方图柱的范围
7        minVal, maxVal, minLoc, maxLoc = cv2.minMaxLoc(hist)
8        histImage = np.ones([256, 256], np.uint8)*255
9        # 设置最高点为 90%
10       hpt = int(0.9 * 256)
11       # 每个条目都绘制一条垂线
12       for k in range(256):
13           intensity = int(hist[k] * hpt / maxVal)
14           # 两点间绘制一条直线
15           cv2.line(histImage, (k, 256), (k, 256 - intensity), color)
16       return histImage
17   img = cv2.imread('H:/lena.jpg',0)
18   cv2.imshow('hist', getHistogramImage1D(img))
19   cv2.waitKey(0)
20   cv2.destroyAllWindows()
```

运行结果如图 9-15 所示。

以上程序绘制了一个通道的直方图，可以采用下面程序绘制三通道的折线图：

```
1    def getHistogramLineChart(image):
2        # 创建用于绘制直方图的全 255 图像
3        h = np.ones((256, 256, 3))*255
4        # 直方图中各 bin 的顶点位置
5        bins = np.arange(256).reshape(256, 1)
6        color = [(255, 0, 0), (0, 255, 0), (0, 0, 255)]  # BGR 三种颜色
7        for ch, col in enumerate(color):
8            hist= cv2.calcHist([image], [ch], None, [256], [0, 256])
9            cv2.normalize(hist, hist, 0, 255 * 0.9, cv2.NORM_MINMAX)
10           hist = np.int32(np.around(hist))
11           pts = np.column_stack((bins, hist))
12           cv2.polylines(h, [pts], False, col)
13       return np.flipud(h)
21   img = cv2.imread('H:/lena.jpg',0)
14   histLineChartImg = getHistogramLineChart(img)
15   cv2.imshow('hist Line Chart', histLineChartImg )
16   cv2.waitKey(0)
```

运行结果如图 9-16 所示。

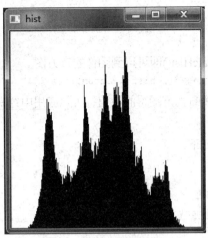

图 9-15 第一个通道的直方图

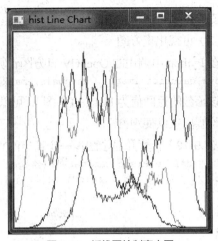

图 9-16 折线图绘制直方图

9.3.3 处理视频序列

目前 Python 还没有视频处理库。Python 处理视频的接口较好的是 OpenCV。

1. 视频输入

OpenCV 能够很好地支持视频的输入。读取视频可以使用 OpenCV 的 VideoCapture()函数。

【例 9-13】捕获视频帧,并在 OpenCV 窗口中显示出来。代码如下:

```
1    import cv2
2
3    cap = cv2.VideoCapture(0)                    #读取摄像头
4    while True:
5        ret,im = cap.read()
6        cv2.imshow('video test',im)
7        key = cv2.waitKey(10)
8        if key == 27:
9            break
10       if key == ord(' '):
11           cv2.imwrite('vid_result.jpg',im)     #将当前帧保存起来
```

说明:cv2.VideoCapture(0)中的 0 指当前设备的编号,如果计算机连接了多个摄像头,可以更换为 1、2 切换摄像头,也可以替换为视频文件的路径,如 cv2.VideoCapture("video.mp4"),用来读取存储的视频文件。

2. 读取视频到 NumPy 数组

OpenCV 可以从一个文件中读取视频帧序列,并将其转换成 NumPy 数组。例如:

```
1    import cv2
2    from pylab import *
3
4    cap = cv2.VideoCapture(0)
5    frames = []
6    while True:
7        ret,im = cap.read()
8        cv2.imshow('video',im)
9        frames.append(im)            #保存到数组
10       if cv2.waitKey(10) == 27:
```

```
11        break
12 frames = array(frames)
13 # 显示帧数和大小
14 print(im.shape)
15 print(frames.shape)
16
```

说明：上面每一帧数组均会被添加到列表的末尾直到捕获终止。打印出的数组大小表示为帧数、高度、宽度。运行上面代码打印出的结果为

(480L, 640L, 3L)
(113L, 480L, 640L, 3L)

第二行输出结果表示记录了 113 帧，每一帧的大小为 480×640×3。

9.4 Matplotlib 绘图库

Matplotlib 是一个由约翰·亨特（John Hunter）等人开发的，用以绘制二维图形的 Python 模块。Matplotlib 可以绘制多种形式的图形，包括普通的线图、直方图、饼图、散点图以及误差线图等，还可以方便地定制图形的各种属性，比如图线的类型、颜色、粗细、字体的大小等。

9.4.1 Matplotlib 安装

根据自己的系统选择 32 位和 64 位的 binary wheels 包，在控制台中转到对应目录，执行以下操作进行安装：

D:\>pip install "***.whl"

或者直接在控制台中输入：

D:\>pip install matplotlib

9.4.2 Matplotlib 模块

Matplotlib 拥有许多的模块，其中与绘图关系最直接的是"pyplot"绘图 API。可以用下面的命令装载并查看它提供的函数：

```
>>> import matplotlib.pyplot as plt
>>> dir(plt)
```

如果要了解模块中某个函数的使用方法，可以使用 help 命令查看：

```
>>> help(plt.plot)
```

Matplotlib 与数据处理最直接的是 pylab 模块，包含了 NumPy 和 Pyplot 中最常用的函数。可以用下面的命令装置并查看它提供的函数：

```
>>> from matplotlib import pylab
>>> dir(pylab)
```

9.4.3 Matplotlib 绘制简单图形

1. 画线

画直线可以使用 Matplotlib 的 plot()函数，该函数的格式为

plt.plot(x, y, format_string, **kwargs)

x, y 为 x 轴和 y 轴的数据，可为列表或数组；format_string 为控制曲线的格式字符串，**kwargs

为第二组或更多的(x, y, format_string)。例如：
```
import matplotlib.pyplot as plt
plt.plot([1,2,3,4])
plt.ylabel('some numbers')
plt.show()
```
运行结果如图 9-17 所示。

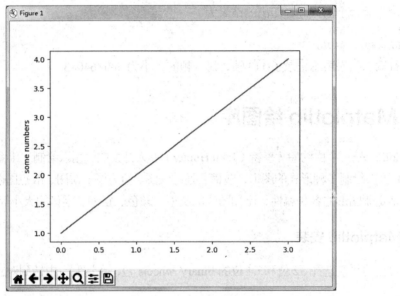

图 9-17　plot 画线

【例 9-14】利用 Matplotlib 绘制正弦曲线。代码如下：

```
1    import matplotlib.pyplot as plt            #导入matplotlib模块
2    import numpy as np                         #导入numpy模块
3    import math
4    x_values = np.arange(0.0, math.pi * 4, 0.01)  #生成x的值
5    y_values = np.sin(x_values)                #生成y的值
6    plt.plot(x_values, y_values, linewidth=1.0) #绘图, 线宽1.0
7    plt.xlabel('x')                            #x轴标签
8    plt.ylabel('sin(x)')                       #y轴标签
9    plt.title('Simple plot')                   #标题
10   plt.grid(True)                             #显示网格
11   plt.savefig("sin.png")                     #保存绘图
12   plt.show()                                 #显示绘图
```

程序的运行结果如图 9-18 所示。

plot()函数参数可包含多个 x,y，可设置折线的对应属性：颜色、线宽度等。

以下代码可以使用 plot()函数画多条线：

```
>>> plt.plot(x,[xi**2 for xi in x],x,x*1.5,x,x*3)
>>> plt.show()
```

运行结果如图 9-19 所示。

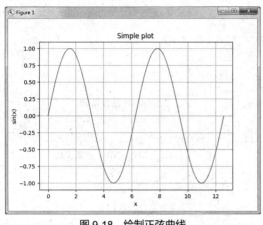
图9-18 绘制正弦曲线

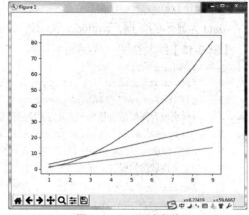
图9-19 plot画多条线

2. 直方图

直方图是用来统计离散数据分布的，它把整个数据集，根据取值范围，分成若干类，称为bins，然后统计每个bin中的数据个数。

hist默认是分为10类，即bins=10，下面代码就是把取值[-4,4]上的1000个随机数分成10个bins，统计每个的数据个数，可以看出这个随机函数是典型的正态分布。

```
>>> import matplotlib.pyplot as plt
>>> y = np.random.randn(1000)
>>> plt.hist(y)
>>> plt.show()
```

程序的运行结果如图9-20所示。

可以改变bins的值：

```
>>> y = np.random.randn(1000)
>>> plt.hist(y,25)
(array([  1.,   0.,   1.,   5.,   5.,  12.,  20.,  38.,  38.,  64., 100., 104.,
 108., 105., 118.,  94.,  68.,  50.,       27.,  16., ……5 3.25174756,
 3.546675  ]), <a list of 25 Patch objects>)
>>> plt.show()
```

程序的运行结果如图9-21所示。

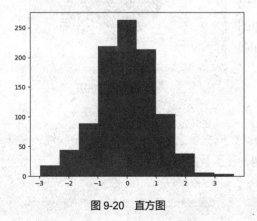
图9-20 直方图

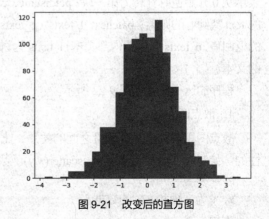
图9-21 改变后的直方图

3. 饼图

饼图表示成分，用plt.pie()函数来绘制，该函数的格式为

```
plt.pie(data, explode)
```
data 为显示的数据，explode 表示将某一块分割出来。

【例9-15】绘制饼图。代码如下：

```
1   #coding=UTF8
2   from matplotlib import pyplot as plt
3   plt.rcParams['font.sans-serif'] = ['SimHei']           #指定默认字体
4   #解决保存图像是负号'-'显示为方块的问题
5   plt.rcParams['axes.unicode_minus'] = False
6   plt.figure(figsize=(6,9))                              #设置图形大小，如宽、高
7   #定义饼状图的标签，标签是列表
8   labels = [u'优秀',u'优良',u'合格']
9   data = [20,70,10]                                      #定义显示数据
10  colors = ['red','yellowgreen','lightskyblue']          #定义颜色
11  #将第一块分割出来，数值的大小是分割出来的与其他两块的间隙
12  explode = (0.1,0,0)
13  patches,l_text,p_text = plt.pie(data,explode=explode,labels=labels,colors=colors,\
14                  labeldistance = 1.1,autopct = '%3.1f%%',shadow = False,\
15                  startangle = 0,pctdistance = 0.6)
16  #改变文本的大小
17  #方法是把每一个text遍历。调用set_size方法设置它的属性
18  for t in l_text:
19      t.set_size=(50)
20  for t in p_text:
21      t.set_size=(50)
22  # 设置x，y轴刻度一致，这样饼图才能是圆的
23  plt.axis('equal')
24  plt.legend()
25  plt.show()
```

程序说明：

labeldistance 表示文本的位置离圆点有多远，1.1 指 1.1 倍半径的位置；autopct 表示圆里面的文本格式；shadow 表示饼是否有阴影；startangle 表示起始角度，0 表示从 0 开始逆时针转为第一块；pctdistance 表示百分比的 text 离圆心的距离；patches，l_texts，p_texts 表示饼图的返回值，p_texts 为饼图内部文本，l_texts 为饼图外 label 的文本。

程序的运行结果如图 9-22 所示。

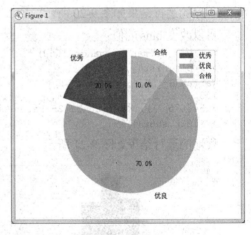

图 9-22　饼图

4．散点图

散点图用来描述两个变量之间的关系，比如在进行数据拟合之前，看看变量间是线性还是非线性的。绘制散点图可以使用 plt.scatter(x,y)函数来绘制，该函数的格式为

```
plt. scatter(x,y)
```

x，y 为 x 轴和 y 轴的数据。

例如：

```
>>> x = np.random.randn(1000)
>>> y = np.random.randn(1000)
```

```
>>> plt.scatter(x,y)
>>> plt.show()
```
运行结果如图 9-23 所示。

5. 添加注解

添加注解使用 plt.text 函数,参数为 x 轴坐标、y 轴坐标、注解。例如:
```
>>> x = np.arange(0,2*np.pi,0.01)
>>> y = np.sin(x)
>>> plt.plot(x,y)
>>> plt.text(0.1,-0.04,'sin(0)=0')                    #添加注解
>>> plt.show()
```
结果如图 9-24 所示。

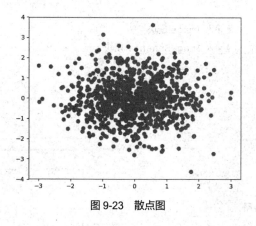
图 9-23　散点图

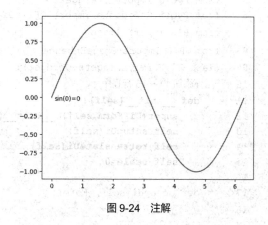
图 9-24　注解

9.5　编程实践

【例 9-16】编写一个简单的图像处理系统,实现图像的打开、另存、缩放、旋转、图像增强等功能。利用 PyQt 建立图 9-25 所示的界面。

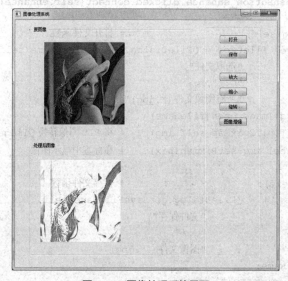
图 9-25　图像处理系统界面

编程的步骤如下。

（1）首先利用 PyQt Designer 进行界面设计，并将.ui 文件转换成.py 文件。

（2）在形成的.py 文件中增加第 11～15 行代码；增加 87～91 行代码。

（3）编写相关的函数。

（4）按 21～26 行的形式，将 QT 控件的相应的信号和槽（Python 的函数）连接起来。

主要代码如下：

```
1   # -*- coding: utf-8 -*-
2   import sys
3   from PyQt5 import QtCore
4   from PyQt5 import QtGui
5   from PyQt5 import QtWidgets
6   from PyQt5.QtWidgets import QFileDialog
7   from PIL import Image                          #导入 Image 模块
8   from PIL import ImageEnhance                   #导入 ImageEnhance 模块
9   class Ui_Form(QtWidgets.QWidget):
10      #添加 11~15 行程序
11      def __init__(self):
12          super(Ui_Form,self).__init__()
13          self.setupUi(self)
14          self.retranslateUi(self)
15          self.scale=0
16
17      def setupUi(self, Form):
18          .                                      #略
19          .                                      #略
20          .                                      #略
21          self.pushButton_open.clicked.connect(self.openimg)
22          self.pushButton_large.clicked.connect(self.largeimg)
23          self.pushButton_Small.clicked.connect(self.smallimg)
24          self.pushButton_rotate.clicked.connect(self.rotate)
25          self.pushButton_save.clicked.connect(self.save)
26          self.pushButton_enhance.clicked.connect(self.enhance)
27
28      def openimg(self,):                        # 打开文件函数
29          fileName, filetype = QFileDialog.getOpenFileName(self,
30                      "选取文件",
31                      "C:/",
32                      "所有图像文件(*.jpg)")
33          self.img=Image.open(fileName)
34          pix=self.pil2pixmap(self.img)          # 将 PIL 图像转换 QImage 格式
35          self.label_img.setPixmap(pix)          # 在标签中显示图像
36
37      def save(self):                            # 保存文件函数
38          fileName,ok = QFileDialog.getSaveFileName(self,
39                      "文件保存",
40                      "C:/",
41                      "图像文件 (*.jpg)")
42          if fileName:
43              self.img.save(fileName)
```

```
44                QtWidgets.QMessageBox.information(self,"信息提示","文件保存成功!!!")
45
46     def rotate(self):                                    # 旋转图像函数
47         new_img=self.img.rotate(90)
48         self.showimg(new_img)
49         self.img=new_img
50
51     def largeimg(self):                                  # 图像放大函数
52         self.scale+=0.2
53         new_width,newheight = self.img.size
54         new_width=int(new_width*(1+self.scale))
55         newheight=int(newheight*(1+self.scale))
56         new_img = self.img.resize((new_width,newheight))
57         self.showimg(new_img)
58
59     def smallimg(self):                                  # 图像缩小函数
60         self.scale-=0.2
61         new_width,newheight = self.img.size
62         new_width=int(new_width*(1+self.scale))
63         newheight=int(newheight*(1+self.scale))
64         new_img = self.img.resize((new_width,newheight))
65         self.showimg(new_img)
66
67     def enhance(self):                                   # 图像增强函数
68         brightness = ImageEnhance.Brightness(self.img)
69         bright_img = brightness.enhance(2.0)             # 增加图像亮度
70         self.showimg(bright_img)
71         self.img=bright_img
72
73     def pil2pixmap(self,img):                            # 图像格式转换函数
74         im = img
75         im = im.convert("RGBA")
76         data = im.tobytes("raw","RGBA")
77         qim = QtGui.QImage(data, im.size[0],
78              im.size[1], QtGui.QImage.Format_ARGB32)
79         pix = QtGui.QPixmap.fromImage(qim)
80         return pix
91
82     def showimg(self,img):                               # 在QT中显示图像函数
83         pix=self.pil2pixmap(img)
84         self.label_newimg.clear()
85         self.label_newimg.setPixmap(pix)                 # 将PIL图像转换为QT图像
86
87 if __name__=="__main__":
88     app=QtWidgets.QApplication(sys.argv)
89     ui=Ui_Form()
90     ui.show()
91     sys.exit(app.exec_())
```

说明：QT 的 Qlabel 不能显示 PIL 支持的格式文件，因此为了在 QT 中显示图像，需将 PIL 图像转换为 QImage 格式的图像。

9.6 习题

1. 选择题

（1）可以用 $f(x,y)$ 来表示（　　）。
　　A．一个二维数字图像　　　　　　　　B．一个在三维空间中的客观景物的投影
　　C．二维空间 XY 中一个坐标点的位置　　D．在坐标点 (x,y) 的某种性质 F 的数值

（2）一幅数字图像是（　　）。
　　A．一个观测系统　　　　　　　　　　B．一个由许多像素排列而成的实体
　　C．一个二维数组中的元素　　　　　　D．一幅三维空间场景

（3）Python 下 OpenCV 的图像对象是（　　）类型。
　　A．tuple　　　　　B．array　　　　　C．image　　　　　D．Numpy.array

（4）一般的彩色图像通道数为（　　）。
　　A．1　　　　　　　B．2　　　　　　　C．3　　　　　　　D．4

2. 填空题

（1）若要提取图，可以采用 PIL Image 模块的_____函数，参数为_____；若要使图像呈现出浮雕效果，可以采用的参数为_____。

（2）若要使用 OpenCV 图像处理库，必须先安装_____库。

3. 简答题

（1）简述图像和数字图像的区别。

（2）请列举常见的颜色空间。

（3）PIL 的 Image 模块调整图像大小 resize 函数和生成缩略图 thumbnail 函数有什么区别？

（4）什么是直方图？如何绘制图像的直方图？

4. 编程题

（1）利用 OpenCV 编写一个简单的图像处理软件，具体功能参见例 9-16。

（2）查阅相关资料，利用 Matplotlib 绘制折线图、散点图、饼图、直方图。

第10章 Python科学计算

本章重点
- NumPy 库中的矩阵操作
- SciPy 库的使用

本章难点
- 矩阵的基本操作
- SciPy 库的使用

随着各种程序库的不断开发，Python 越来越适合于做科学计算与统计分析。目前用于科学计算的常用库包括：NumPy、SciPy、Matplotlib 等。其中 NumPy 负责数值计算、矩阵操作等；SciPy 负责常见的数学算法，插值、拟合、微积分、优化、Fourier 变换等功能；Matplotlib 负责绘图。本章将介绍 NumPy、SciPy 在科学计算中的应用。

10.1 NumPy 库

NumPy 库为 Python 提供了快速的多维数组处理能力。而 SciPy 则在 NumPy 基础上添加了众多科学计算所需的各种工具包，NumPy 经常与 Scipy、Matplotlib 一起使用，完成科学的计算与显示。

NumPy 提供了两种基本的对象：ndarray（N-dimensional array object）和 ufunc（universal function object）。ndarray 为多维数组，ufunc 为对数组进行处理的函数。

10.1.1 ndarray 对象

1. 函数库导入

与其他函数库的使用方法相同，使用前首先导入函数库，格式如下：
```
import numpy as np          #给numpy起一个别名叫np
```
2. 创建数组

首先创建数组才能对其进行其他操作。NumPy 中使用 array() 函数的序列对象创建数组，如果传递的是多层嵌套的序列，将创建多维数组。

（1）创建一维数组
```
>>>a = np.array([1, 2, 3, 4])              #方法一，使用列表
```

```
>>>b = np.array((5, 6,7, 8))          #方法二，只用元组
>>>b
array([5, 6, 7, 8])
```

（2）创建二维数组

```
>>>c = np.array([[1, 2, 3, 4], [5, 6, 7, 8], [9, 10, 11, 12]])   #每一行用中括号括起来
>>> c
array([[ 1, 2, 3, 4],
       [ 5, 6, 7, 8],
       [ 9, 10, 11, 12]])
```

（3）获取数组的大小

数组的大小可以通过其 shape 属性获得。例如：

```
>>> b.shape
(4,)                   #一维数组
>>> c.shape
(3, 4)                 #二维数组
```

（4）修改 shape 属性

修改 shape 属性可以改变数组每个轴的长度，但数组元素在内存中的位置并没有改变。例如：

```
>>> c.shape=4,3
>>> c
array([[ 1, 2, 3],
       [ 4, 5, 6],
       [ 7, 8, 9],
       [10, 11, 12]])
```

（5）重新定义数组的大小

使用数组的 reshape()方法，将创建一个新尺寸的数组，原数组的 shape 保持不变。

```
>>> d = b.reshape(2, 2)
>>> d
array([[5, 6],
       [7, 8]])
>>> b
array([5, 6, 7, 8])
```

 注意 数组 b 和 d 其实共享数据存储内存区域，因此修改其中任意一个数组的元素的值，另一个数组的内容也随之改变。

```
>>> b[1] = 10      # 将数组 b 的第一个元素改为 10
>>> d              # 注意数组 d 中的 2 也被改变了
array([[ 5, 10],
       [ 7, 8]])
```

以上数组创建的方法都是先创建序列，再使用 array()函数转化为数组，NumPy 模块中提供了专门的函数创建数组。

3. NumPy 模块中的数组创建函数

（1）arange()函数

arange 函数类似于 python 的 range 函数，通过指定开始值、终值和步长来创建一维数组，但数组不包括终值。

格式：arange(开始值,终值,步长)，例如：

```
>>> np.arange(0, 10, 1)          #创建数组,不包括终值。
array([0, 1, 2, 3, 4, 5, 6, 7, 8, 9])
```

(2) linspace()函数

linspace()函数通过指定开始值、终值和元素个数来创建一维数组,可以通过 endpoint 关键字指定是否包括终值,默认设置为包括终值。

格式:linspace(开始值,终值,元素个数),例如:

```
>>> np.linspace(0, 10, 10)
array([  0.        ,  1.11111111,  2.22222222,  3.33333333,
         4.44444444,  5.55555556,  6.66666667,  7.77777778,
         8.88888889, 10.        ])
```

(3) logspace()函数

logspace()函数和 linspace()类似,它用于创建等比数列。

格式:logspace(开始值,终值,元素个数),例如:

```
>>> np.logspace(0, 10, 10)
array([  1.00000000e+00,   1.29154967e+01,   1.66810054e+02,
         2.15443469e+03,   2.78255940e+04,   3.59381366e+05,
         4.64158883e+06,   5.99484250e+07,   7.74263683e+08,
         1.00000000e+10])
```

4. 从字节序列创建数组

使用 frombuffer()、fromstring()和 romfile()等函数可以从字节序列创建数组。

格式:fromstring(字符串, dtype)

说明:dtype 取值为:np.int8 或 np.int16 或 np.int64。如果 dtype= np.int8,则从字符串 s 创建一个 8bit 的整数数组,所得到的数组就是字符串中每个字符的 ASCII 编码;如果 dtype= np.int16,则将两个相邻的字节表示成一个整数;如果 dtype= np.int64,则把整个字符串转换为一个 64 位的双精度浮点数组。例如:

```
>>> s = "abcd"
>>> np.fromstring(s, dtype=np.int8)
array([ 97, 98, 99, 100], dtype=int8)
>>> np.fromstring(s, dtype=np.int16)
array([25185, 25699], dtype=int16)
```

5. 数组元素的存取

数组元素的存取方法和 Python 的标准方法相同。例如:

```
>>> a = np.arange(10)
>>> a
array([0, 1, 2, 3, 4, 5, 6, 7, 8, 9])
>>> a[3]                  # 用整数作为下标获取数组中的某个元素
3
>>> a[2:5]                # 用范围作为下标获取数组的一个切片,包括a[2]不包括a[5]
array([2, 3, 4])
>>> a[:5]                 # 省略开始下标,表示从a[0]开始
array([0, 1, 2, 3, 4])
>>> a[-1]                 # 下标可以使用负数,表示从数组后往前数
9
>>> a[2:4]=20,30          # 下标可以用来修改元素的值
>>> a
array([ 0,  1, 20, 30,  4,  5,  6,  7,  8,  9])
```

```
>>> a[[1, 3, 5, 7]]        # 获取 x 中的下标为 1, 3, 5, 7 的 4 个元素, 组成一个新的数组
array([ 1, 3, 5, 7])
```

6. 多维数组的存取

多维数组的存取和一维数组类似,只是多维数组有多个轴,因此它的下标需要用多个值来表示。如二维数组需要(x, y)的元组标记一个数组元素;三维数组需要(x, y, z)的元组标记一个数组元素。例如:

```
>>> c
array([[ 1,  2,  3],
       [ 4,  5,  6],
       [ 7,  8,  9],
       [10, 11, 12]])
>>> c[2,1]
8
>>> c[1,1:3]
array([5, 6])
```

7. 结构体数组

NumPy 也可以创建类似 C 语言中的结构体数组。例如,C 语言中的结构体:

```
struct student{
    char name[30];
    int    age;
    char class[20];
};
```

可以用如下语句实现:

```
student= np.dtype({
    'names':['name','age','class'],
    'formats':['S30','i','S20']},align = True)    #定义数据类型
```

创建数组的语句如下:

```
>>>a = np.array([('zhagnsan',20,'0701'),('lisi',19,'0702'),('wangwu',20,'0703')],dtype = student)
array([('zhagnsan', 20, '0701'), ('lisi', 19, '0702'),
       ('wangwu', 20, '0703')],
      dtype={'names':['name','age','class'], 'formats':['S30','<i4','S20'], 'offsets':[0,32,36], 'itemsize':56, 'aligned':True})
>>> a[0]
('zhagnsan', 20, '0701')
>>> a[0]["name"]
'zhagnsan'
```

10.1.2 ufunc 运算

NumPy 内置的许多 ufunc 函数对数组进行操作。其中许多的函数都是基于 C 语言实现的,因此它们的计算速度非常快。

数组的运算符和其对应的 ufunc 函数的列表见表 10-1。

例如:

```
>>> a = np.array([1,2,3,4])
>>> x1 = np.array([1,2,3,4])
```

表 10-1 数组的运算符与 ufunc 函数对应列表

数组的运算符	对应的 ufunc 函数
y = x1 + x2	add(x1, x2 [, y])
y = x1 - x2	subtract(x1, x2 [, y])
y = x1 * x2	multiply (x1, x2 [, y])
y = x1 / x2	divide (x1, x2 [, y])
y = x1 / x2	true divide (x1, x2 [, y])
y = x1 // x2	floor divide (x1, x2 [, y]
y = -x	negative(x [,y])
y = x1 ** x2	power(x1, x2 [, y])
y = x1 % x2	remainder(x1, x2 [, y]), mod(x1, x2, [, y])

```
>>> x2=np.array([5,6,7,8])
>>> np.add(x1,x2)
array([ 6,  8, 10, 12])
>>> x3=np.array([[1,2,3],[4,5,6],[7,8,9]])
>>> x4=np.array([[10,11,12],[13,14,15],[16,17,18]])
>>> x3
array([[1, 2, 3],
       [4, 5, 6],
       [7, 8, 9]])
>>> x4
array([[10, 11, 12],
       [13, 14, 15],
       [16, 17, 18]])
>>> x5=np.multiply(x3,x4)          #两个数组对应元素相乘
>>> x5
array([[ 10,  22,  36],
       [ 52,  70,  90],
       [112, 136, 162]])
>>> x6=np.subtract(x3,x4)
>>> x6
array([[-9, -9, -9],
       [-9, -9, -9],
       [-9, -9, -9]])
```

10.1.3 矩阵运算

NumPy 库提供了 matrix 类用于创建矩阵对象，它们的加减乘除运算默认采用矩阵方式计算。

1. 矩阵相乘

```
>>> x3=np.matrix([[1,2,3],[4,5,6],[7,8,9]])
>>> x3
matrix([[1, 2, 3],
        [4, 5, 6],
        [7, 8, 9]])
>>> x4=np.matrix([[10,11,12],[13,14,15],[16,17,18]])
>>> x4
matrix([[10, 11, 12],
        [13, 14, 15],
        [16, 17, 18]])
>>> x5=x3*x4
>>> x5
matrix([[ 84,  90,  96],
        [201, 216, 231],
        [318, 342, 366]])
>>> np.dot(x3,x4)                  #用dot()函数计算乘积
matrix([[ 84,  90,  96],
        [201, 216, 231],
        [318, 342, 366]])
```

2. 矩阵点乘

矩阵对应元素相乘。例如：

```
>>> x3=np.matrix([[1,2,3],[4,5,6],[7,8,9]])
>>> x4=np.matrix([[10,11,12],[13,14,15],[16,17,18]])
>>> np.multiply(x3,x4)
matrix([[ 10,  22,  36],
```

```
       [ 52,  70,  90],
       [112, 136, 162]])
```

3. 矩阵求逆

```
>>> x3=np.matrix([[1,2,3],[4,5,6],[7,8,9]])
>>>x31=x3.I;          #求矩阵的逆矩阵
```

4. 矩阵的转置

```
>>> x3=np.matrix([[1,2,3],[4,5,6],[7,8,9]])
>>> x32=x3.T
>>> x32
matrix([[1, 4, 7],
        [2, 5, 8],
        [3, 6, 9]])
```

5. 计算矩阵对应行列的最大、最小值

```
>>> x3=np.matrix([[1,2,3],[4,5,6],[7,8,9]])
>>> x3
matrix([[1, 2, 3],
        [4, 5, 6],
        [7, 8, 9]])
>>> x3.sum(axis=0)          #列的和
matrix([[12, 15, 18]])
>>> x3.sum(axis=1)          #行的和
matrix([[ 6],
        [15],
        [24]])
>>> x3.max()                #求矩阵的最大值
9
>>> x3.min()                #求最小值
1
```

10.2 SciPy 数值计算库

SciPy 函数库在 NumPy 库的基础上增加了许多的数学、科学以及工程计算中常用的库函数。例如线性代数、常微分方程数值求解、信号处理、疏矩阵等。由于其涉及的领域较多，本节将介绍常用的一些 SciPy 的科学计算方法。

Scipy 库包含致力于科学计算中常见问题的多个工具箱，常用的几个模块如表 10-2 所示。

表 10-2 Scipy 库常用的几个模块

模　　块	功　　能	模　　块	功　　能
scipy.cluster	矢量量化 / K-均值	scipy.ndimage	n 维图像包
scipy.constants	物理和数学常数	scipy.odr	正交距离回归
scipy.fftpack	傅里叶变换	scipy.optimize	优化
scipy.integrate	积分程序	scipy.signal	信号处理
scipy.interpolate	插值	scipy.sparse	稀疏矩阵
scipy.io	数据输入输出	scipy.spatial	空间数据结构和算法
scipy.linalg	线性代数程序		

1. 最小二乘拟合

曲线拟合中最基本和最常用的是直线拟合。设 x 和 y 之间的函数关系为：$y=k×x+b$，参数 k 和 b 就是需要确定的值。如果将这些参数用 p 表示的话，那么我们就要找到一组 p 值使得如下公式中的 s 的值最小。这就是最小二乘拟合（Least-square fitting）。

$$s(p) = \sum_{i=1}^{m}[y_i - f(x_i, p)]^2$$

SciPy 中的子函数库 optimize 提供了实现最小二乘拟合算法的函数 leastsq()。下面是用 leastsq() 进行数据拟合的一个例子。

【例 10-1】利用实验数据进行直线的拟合。

实验数据如下：

xi=np.array([8,2.3,6.5,8.5,5,3,4])

xi=np.array([7,3.3,6.5,6.5,4,3,4.2])

则使用 leastsq 函数求解其拟合直线的代码如下：

```
1   # -*- coding: UTF-8 -*-
2   ###最小二乘法试验###
3   import numpy as np
4   from scipy.optimize import leastsq
5   import matplotlib.pyplot as plt
6
7   ###采样点(Xi,Yi)###
8   xi=np.array([8,2.3,6.5,8.5,5,3,4])
9   xi=np.array([7,3.3,6.5,6.5,4,3,4.2])
10
11  #拟合的函数func及误差error#
12  def func(p,x):
13      k,b=p
14      return k*x+b
15  def error(p,x,y,s):
16      print(s)
17      return func(p,x)-y #x、y都是列表，故返回值也是个列表
18
19  p0=[100,2]
20  s="Test the number of iteration" #试验最小二乘法函数leastsq得调用几次error函数才能找到
    使得均方误差之和最小的k、b
21  #把error函数中除了p以外的参数打包到args中
22  Para=leastsq(error,p0,args=(xi,yi,s))
23  k,b=Para[0]
24  print("k=",k,'\n',"b=",b)
25  ###绘图
26  plt.figure(figsize=(8,6))
27  plt.scatter(Xi,Yi,color="red",label="Sample Point",linewidth=3) #画样本点
28  x=np.linspace(0,10,1000)
29  y=k*x+b
30  plt.plot(x,y,color="orange",label="Fitting Line",linewidth=2)  #画拟合直线
31  plt.legend()
32  plt.show()
```

运行结果如图 10-1 所示。

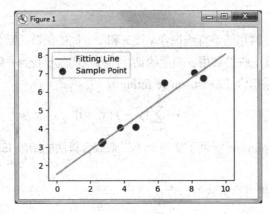

图 10-1　直线拟合结果

2. 线性方程组求解

求解线性方程组比较简单，需要用到 scipy.linalg.solve() 函数。

【例 10-2】求解方程组：

$$\begin{cases} 3x_1 + x_2 - 2x_3 = 5 \\ 3x_1 - x_2 + 4x_3 = -2 \\ 2x_1 + 3x_3 = 2.5 \end{cases}$$

代码如下：

```
1    import numpy as np
2    from scipy.linalg import solve
3    a = np.array([[3, 1, -2], [1, -1, 4], [2, 0, 3]])
4    b = np.array([5, -2, 2.5])
5    x = solve(a, b)
6    print(x)
```

输出结果：

[0.5 4.5 0.5]

10.3 编程实践

【例 10-3】根据实验数据，拟合曲线 $y=ax^2+bx+c$。

xi=np.array([0,1,2,3,-1,-2,-3])

yi=np.array([-1.21,1.9,3.2,10.3,2.2,3.71,8.7])

代码如下：

```
1    # -*- coding: UTF-8 -*-
2    ###最小二乘法试验###
3    import numpy as np
4    from scipy.optimize import leastsq
5    
6    ###采样点(Xi,Yi)###
7    xi=np.array([0,1,2,3,-1,-2,-3])
8    yi=np.array([-1.21,1.9,3.2,10.3,2.2,3.71,8.7])
9    
```

```
10    ###需要拟合的函数 func 及误差 error###
11    def func(p,x):
12        a,b,c=p
13        return a*x**2+b*x+c
14
15    def error(p,x,y,s):
16        print (s)
17        return func(p,x)-y #x、y都是列表，故返回值也是个列表
18
19    #TEST
20    p0=[5,2,10]
21    #print( error(p0,xi,yi) )
22
23    ###主函数###
24    s="Test the number of iteration" #试验最小二乘法函数 leastsq 得调用几次 error 函数才能找到
      使得均方误差之和最小的 a~c
25    Para=leastsq(error,p0,args=(Xi,Yi,s))  #把 error 函数中除了 p 以外的参数打包到 args 中
26    a,b,c=Para[0]
27    print('a=',a,'\n','b=',b,'c=',c)
28
29    ###绘图###
30    import matplotlib.pyplot as plt
```

运行结果：
a= 1.04214285713
b= 0.124285714282
c= -0.0542857143077

运行结果如图 10-2 所示。

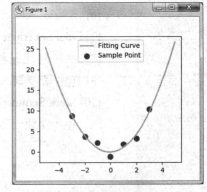

图 10-2 曲线拟合结果

10.4 习题

编程题

（1）编写程序，建立一个数组，并通过随机函数为每个数组元素赋一个 1~100 的整数。然后显示所有小于 60 的元素。

（2）编写程序，随机产生 10 个二位数，放入数组 *A* 中，从中选出一个最大的和一个最小的数，并显示出来。

（3）编写程序，随机产生 20 个不同的数放在数组 *A* 中，并按由大到小的顺序排序。从键盘上输入一数 *X*，判断此数是否在该数组 *A* 中，若在则输出其所在的位置及 *X* 值，否则输出"未找到"。

（4）利用随机数生成两个 4×4 的矩阵 *A* 和 *B*，前者范围为 30~70，后者范围为 101~135。

要求：

① 将两个矩阵相加结果放入 *C* 矩阵。

② 将矩阵 *A* 转置。

③ 求 *C* 矩阵中元素的最大值和下标。

④ 以下三角形式显示 *A*，上三角形式显示 *B*。

⑤ 将矩阵 *B* 第一行与第三行对应元素交换位置并输出。

（5）编写程序实现两个矩阵的乘法运算。

参考文献

[1] Wesley Chun. Python 核心编程[M]. 3 版. 北京：人民邮电出版社，2016.
[2] 张志强，赵越. 零基础学 Python[M]. 北京：机械工业出版社，2015.
[3] Magnus Lie Hetland. Python 基础教程[M]. 2 版. 北京：人民邮电出版社，2014.
[4] 刘凌霞，郝宁波，吴海涛. 21 天学通 Python[M]. 北京：电子工业出版社，2016.
[5] 何敏煌. Python 程序设计入门到实战[M]. 北京：清华大学出版社，2016.
[6] 鲁特兹. O'Reilly：Python 学习手册[M]. 4 版. 北京：机械工业出版社，2011.
[7] Luke Sneeringer. Python 高级编程[M]. 北京：清华大学出版社，2016.
[8] 大卫·M.比兹利. Python 参考手册[M]. 北京：人民邮电出版社，2016.
[9] 布兰登·罗德. Python 网络编程[M]. 3 版. 北京：人民邮电出版社，2016.
[10] Mark Summerfield. Python Qt GUI 快速编程——PyQt 编程指南[M]. 北京：电子工业出版社，2016.